高等学校电子与通信工程类专业"十三五"规划教材

电子信息实验及创新实践系列教材

电路与电子技术基础实验教程

主　编　李淑明　严　俊　刘贤锋

副主编　姜玉亭　李晓冬　蔡春晓　张　明　唐　甜

　　　　孟德明　李燕龙

西安电子科技大学出版社

内 容 简 介

本书共分 8 章。第 1 章为基础知识，总体概述一些电路的基本实验方法；第 2 章主要介绍仿真软件 Multisim 10 的基本知识；第 3 章为常用仪器知识，着重介绍数字信号源、数字存储示波器、数字万用表等仪器的使用方法；第 4 章为元器件知识，介绍元器件的基本知识；第 5 章为电路分析基础实验，介绍电路测量的一般原理与方法；第 6 章为模拟电子技术实验，通过这部分实验，学生可掌握模拟电路的一些基本理论，并会搭建和测量电路；第 7 章为数字逻辑电路实验，该章旨在培养学生的一些基本的数字电路基本知识；第 8 章为综合设计性实验，主要是让学生掌握电路设计的基本方法。

本书可作为高等学校计算机类、自动控制及电子技术应用等专业本、专科生的实验教材，也可作为其他理工电气信息类专业的实验教材，还可供相关专业的工程技术人员参考。

图书在版编目(CIP)数据

电路与电子技术基础实验教程/李淑明，严俊，刘贤锋主编.
—西安：西安电子科技大学出版社，2017.3(2019.2 重印)
ISBN 978 - 7 - 5606 - 4417 - 2

Ⅰ. ① 电… Ⅱ. ① 李… ② 严… ③ 刘… Ⅲ. ① 电路—实验—高等学校—教材 ② 电子技术—实验—高等学校—教材 Ⅳ. ① TM13-33 ② TN-33

中国版本图书馆 CIP 数据核字(2017)第 044702 号

策 划 邵汉平
责任编辑 买永莲
出版发行 西安电子科技大学出版社(西安市太白南路 2 号)
电 话 (029)88242885 88201467 邮 编 710071
网 址 www.xduph.com 电子邮箱 xdupfxb001@163.com
经 销 新华书店
印刷单位 陕西利达印务有限责任公司
版 次 2017 年 2 月第 1 版 2019 年 2 月第 2 次印刷
开 本 787 毫米×1092 毫米 1/16 印张 13.5
字 数 319 千字
印 数 3001～6000 册
定 价 29.00 元
ISBN 978 - 7 - 5606 - 4417 - 2/TM

XDUP 4709001 - 2

* * * 如有印装问题可调换 * * *

前　言

　　"电路与电子技术基础"、"电工与电子技术基础"以及"电子技术"是工科计算机、机械电子工程、工业工程等非电类专业的重要基础课程，与该课程相对应的实验是学习和掌握电子器件及基本电路的实践性环节。本书即针对这些课程而编写的实验教程，通过学习本书，学生可掌握元器件和仪器使用的一些基本知识以及一些基本实验方法和实验技能，从而提高其理论与实践能力。

　　本书内容主要分为两大部分。前四章为基本理论，主要介绍了 Multisim 仿真软件、常用测量仪器的原理与使用方法（包括万用表、直流稳压电源、DDS 信号发生器、交流毫伏表、数字示波器等），以及常用元器件的识别与测量（包括电阻、电容、电感等）；后四章为实验部分，主要有电路分析基础实验（包括常用测量仪器的使用、元器件识别与测量、直流电路测量、动态电路、正弦电路、功率因数提高等项目），模拟电子技术实验（包括单级放大电路、差动放大电路、负反馈放大电路、集成运算放大器、整流滤波与稳压电源等项目），数字逻辑电路实验（包括 TTL 集成逻辑门的逻辑功能与参数测试、组合逻辑电路的设计与测试、数据选择器及其应用、计数器及其应用、555 时基电路及其应用等项目），设计性实验（包括音频功率放大器的设计与制作、集成电路、分立元件混合放大器的设计、单级放大电路的设计与制作、集成运算放大器应用电路设计、LED 手电筒的设计与制作等项目）。

　　根据各院系开设实验的要求，本书实验内容如下：

包含课程	实验项目	实验开设内容
电路分析 基础实验	仪器使用	常用仪器使用（一）
		常用仪器使用（二）
	元件实验	基本元件的识别与测量及点电压法测二极管曲线特性
	直流电路	基尔霍夫定律、叠加定理
		戴维南定理
	动态电路	1 阶 RC 电路的阶跃响应
	正弦电路	电感、电容的交流阻抗的测量
	功率因数的提高	提高供电设备的能量利用
模拟电子 技术实验	单级放大电路	静态工作点的调试及测量方法
	差动放大电路	恒流源的差动放大电路静态工作点的调试和主要指标测试
	负反馈放大电路	负反馈放大电路连接、调试、测量
	集成运算放大器	集成运算放大器基本测量方法
	整流滤波与稳压电源实验	稳压源的工作过程

包含课程	实验项目	实验开设内容
数字逻辑电路实验	TTL 集成逻辑门的逻辑功能与参数测试	TTL 与非门等电路主要参数的测试方法
	组合逻辑电路的设计与测试	利用不同门设计组合逻辑电路以及对组合逻辑电路进行测试
	数字选择器及其应用	数据选择器的功能和使用方法及应用
	计数器及其应用	任意模值的计数器设计以及级联扩展的方法
	555 时基电路及其应用	555 定时器构成单稳态、多谐振荡电路等
设计性实验	音频功率放大器的设计与制作	利用 TDA2030A 芯片设计一款音频功率放大器
	集成电路、分立元件混合放大器的设计	根据设计要求，制作分立器件音频功放
	单级放大电路的设计与制作	根据要求设计合适的放大电路并测试参数
	集成运算放大器应用电路的设计	利用运放的性质，设计达到要求的电路
	LED 手电筒的设计制作	制作一款简单的 LED 手电筒

　　教师可以根据专业需要，在本书中选取相对应的实验项目。

　　本书由李淑明、严俊、刘贤锋担任主编，姜玉亭、李晓冬、蔡春晓、张明、唐甜、孟德明、李燕龙担任副主编。本书的编写还得到了党选举和黄品高的大力支持，他们提出了很多宝贵意见，在这里向他们表示感谢！

　　由于编者水平有限，书中不足之处在所难免，恳请广大读者指正！

编者

2016 年 9 月

于桂林电子科技大学教学实践部

目　　录

第1章 绪 论

实验课是高等理工科教学的一个重要实践环节，"电路与电子技术基础实验"课程的教学过程由实验预习、课内操作与辅导、实验报告三个环节组成，它可加强学生对理论课的学习。

1.1 实验课程的学习目的及相关要求

一、学习目的

（1）培养学生观察实验现象和处理实验数据的能力，巩固和加深理解所学理论知识，并提高灵活运用理论知识分析与解决实践问题的能力。

（2）培养学生实事求是、一丝不苟、认真严谨的科学态度。

（3）训练学生的基本实验技能，如正确使用常见的仪器仪表、电子器件及相关设备，掌握安全用电知识及一些基本的电工测试技术、实验方法和数据的分析处理方法等。

（4）培养并提高学生的科学实验素养，主动研究的探索精神和遵守纪律、爱护公共财产的优良品德。

二、相关要求

1. 课前预习

学生在每次实验课前必须认真预习实验相关内容，复习与本次实验相关的理论知识。否则，实验的进行将事倍功半，而且有损坏仪器和发生人身事故的危险。每次上实验课之前老师都应检查学生的预习情况。

（1）明确实验目的以及实验内容，掌握与实验有关的基本理论，掌握实验仪器和设备的使用方法，知道实验的操作程序以及注意事项等。

（2）写出实验预习报告，内容包括实验目的、实验原理、实验电路、数据记录表等。

（3）在预习过程中如果遇到疑问，在预习报告中做记号，以便在上实验课时问老师或与同学讨论，从而解决问题。

2. 课内学习

良好的上课习惯和正确的操作方法是实验顺利进行的有效保证。为此，可参照下列程序进行实验：

（1）实验操作前，老师要进行 15～20 分钟的实验相关知识的讲授，学生应该认真听课并做笔记。

（2）实验接线前，应先检测导线、检查设备。

（3）实验中所用的仪器、仪表、实验板以及开关等，应根据连线清晰、调节顺手和读数观察方便的原则合理布局。

（4）接线应遵循以某个部件为中心"先串联后并联"、"先主后辅"的原则（检查电路时，也应按这样的顺序进行），先接无源部分再接有源部分，不得带电接线。接线前，应先将所有电源开关断开；为避免过电流、过电压损坏设备和元件，接线前应将可调设备的旋钮、手柄置于最安全的位置。

（5）接线时电路的走线位置要合理，接触要良好，并避免一个接线柱上连接三根以上的导线（可将其中的导线分散到等电位的其他接线柱上）。接好线路后，应先自行检查，确认没有问题才能接通电源。改接线路时，必须先断开电源。

（6）实验中要胆大心细，一丝不苟，认真观察现象，同时分析研究实验现象的合理性。若发现异常现象，应立即切断电源，查找原因，或找老师一起分析原因，查找故障。

（7）实验完毕，先切断电源，但不能拆除电路连线，指导老师审核、签字并确认测量数据没有问题后再拆线，整理好导线并将仪器设备摆放整齐，搞好实验台卫生。

（8）要爱护公物，注意仪器设备及人身安全。

3. 课后实验报告的整理

实验报告的整理工作主要是实验数据的处理、实验报告的编写（紧跟着预习报告）及完善，其内容应包括数据处理（实验数据及计算结果的整理、分析，并找出误差原因）、曲线绘制、分析讨论、实验思考题等。

三、实验安全及注意事项

电路与电子技术实验中经常使用 220 V 的交流电源，为避免发生触电和损坏仪器设备的严重事故，在实验中必须严格遵守安全操作规程，以确保实验过程中的人身安全和设备安全。

（1）不擅自接通电源，不触及带电部分及裸露线路；严格遵守"先接线后通电"、"先断电后拆线"的操作顺序。

（2）使用电子仪器时应先熟悉仪器使用方法，了解各种旋钮的作用；使用仪表时应选择适当量程。

（3）发现异常现象（设备发热、产生焦味、电机转动声音不正常，以及电源短路保险丝熔断发出响声等）时应立即断开电源，保持现场，并报告指导老师。造成仪器设备损坏者，需如实向老师反映情况并配合老师记录相关情况。

（4）注意仪器设备的规格、量程和操作规程。不了解性能和用法时，不得使用该设备。

（5）搬动仪器设备时，必须双手轻拿轻放。

（6）谨防电容器间放电放炮事件。电容通电时，人与电容应保持一定距离，尤其对容值较大的电容，因电容极性接反或耐压等级不够而被击穿时，易发生放炮崩人事件；不要随便触摸没有与电源接通和空放着的高电压、大电容的两端，防止带电电容通过人体放电。

总之，实验中应当遵守规程，认真细致，反应快捷，同时保持实验室应有的和谐与安静。

1.2 实验报告要求

"电路与电子技术基础实验"可以分为验证性实验和设计性实验。验证性实验是指对研究对象有了一定了解,并形成了一定认识或提出了某种假说,为验证这种认识或假说是否正确而进行的一种实验。验证性实验强调演示和证明科学内容的活动,科学知识和科学过程分离,与背景无关,注重探究的结果(事实、概念、理论),而不是探究的过程。设计性实验则是指给定实验目的要求和实验条件,由实验者自行设计实验方案并加以实现的实验。其目的在于激发实验者学习的主动性和创新意识,培养实验者独立思考、综合运用知识和文献、提出问题和解决复杂问题的能力。因此,实验的性质不同,对实验报告的要求也不尽相同。

一、验证性实验

1. 预习报告内容

实验预习报告是实验总结的一部分,必须包括以下内容:

(1)实验名称。

(2)实验目的:明确通过该实验要达到什么目的,要验证什么理论,需要通过测量什么参数来验证该理论。

(3)实验原理:仔细阅读实验教材及相关理论文献,清楚实验所要验证的理论和实验中测量方法所依据的基本原理。

(4)实验仪器设备:使用实验仪器设备之前,要仔细阅读有关的仪器使用说明,掌握其使用方法。

(5)实验内容、步骤与电路图:认真分析实验电路,并根据实验内容、步骤,进行必要的计算,仔细考虑测量中有什么要求,并估算各参数的理论值,以便在实验过程中做到"心中有数"。

(6)思考题:对于实验中提出的思考题,应尽量通过仿真或搭建电路来进行求证,或查找资料进行求解。

(7)原始数据记录表格:该部分是指导老师考证实验效果的依据之一,应保证表格干净、整齐。

(8)实验操作注意事项。

这部分内容要求简洁、明了。因为预习是一个对实验准备的过程,不需要实验者把实验教材原封不动地抄写一遍。实验者应结合自己的理解,用自己的语言简要地完成实验预习报告。

2. 总结报告内容

实验总结报告是在预习报告的基础上进行加工处理,是对实验过程的全面总结,是评定实验成绩的重要依据,必须认真书写。其内容应包括:

(1)实验数据的处理:对实验课程中老师签字确认的实验数据进行处理和误差计算并分析。

（2）曲线图或波形图的绘制：应使用坐标纸绘制；绘制曲线或波形图时，应选用坐标系，合理选择坐标分度，标明坐标名称和单位，将测量点标注在坐标系中并连接起来，此时曲线不光滑，用直觉法或分组平均法修匀曲线。

（3）回答相关实验教材中的思考题。

（4）实验结果的总结：包括实验结论（用具体数据和观察到的现象说明所验证的理论），实验现象的解释和分析，实验过程中遇到的困难及其解决方法，对实验的认识、收获以及改进意见等。

（5）相关实验教材中对总结报告提出的其他要求。

（6）把老师签字的实验原始数据作为附录页，附在总结报告后面。

二、设计性实验

1. 预习报告内容

做设计性实验前，实验者必须明确实验的目的和任务，并在预习阶段设计出实验方案，所以，预习在设计性实验中显得尤为重要。设计性实验必须包括以下内容：

（1）实验名称。

（2）已知条件：设计性实验可给出的条件，例如提供的电子元器件、测量仪器等。

（3）主要技术指标：实验实现要达到的主要技术参数，例如频带大小、增益大小、信噪比等。

（4）实验所需仪器。

（5）电路工作原理，具体的电路设计方案：根据实验的已知条件及主要技术指标给出实验实施方案，包括实验步骤、内容及实验电路图。此过程中，实验者应仔细查阅并消化相关文献手册，方可提出可行的实验方案。

（6）列出实验需测试的技术指标，以便实验时对其测量。

2. 总结报告内容

设计性实验总结报告主要包括以下内容：

（1）电路组装、调试及测量：电路组装所使用的方法，包括组装的布线图等；调试电路的方法和技巧；调试时所使用的主要仪器；测量的数据和波形的记录；列出调试、测量成功后的各元件参数。

（2）故障分析及解决的方法：在电路组装、调试、测试时出现的故障及其原因和排除方法。

（3）测量数据的计算和处理，以及对其结果的讨论与误差分析。

（4）思考题的回答。

（5）总结设计电路的特点和方案的优、缺点，指出课题的核心及实用价值，提出改进意见并展望。

（6）参考文献。

（7）实验的收获和体会。

总之，书写实验报告时，要求思路清晰、文字简洁，图表正规、清楚；尊重实验原始数据，即不可随意涂改实验原始数据，且计算准确，结论合理，并进行必要的分析与研究。

实验报告一律采用学校统一印制的实验报告纸，并于下一次实验时交给指导老师。要求每位实验者用自己的理解来完成，切忌抄袭。

1.3　电子测量的基本知识

一、电子测量

测量是为确定被测对象的量值而进行的实验过程。在这个过程中，借助专门的设备把被测量对象直接或间接地与同类已知单位进行比较，取得用数值和单位共同表示的测量结果。从广义上来说，凡是利用电子技术进行的测量都可以说是电子测量。从狭义上讲，电子测量是指在电子学中测量有关电的量值，包括以下几方面的内容：

（1）电路参数的测量：指的是对电阻、电感、电容、阻抗、品质因数、损耗率等参量的测量。

（2）信号特性的测量：指的是对频率、周期、时间、相位、调制系数、失真度等参量的测量。

（3）能量的测量：指的是对电流、电压、功率、电场强度等参量的测量。

（4）电子设备性能的测量：指的是对通频带、放大倍数、衰减量、灵敏度、信噪比等参量的测量。

（5）特性曲线的测量：指的是对幅频特性、相频特性、器件特性等参量的测量。

上述各种参量中，频率、时间、电压、相位、阻抗等是基本参量，其他的为派生参量。电压则是最基本、最重要的测量内容。

二、几种基本电参量的意义及表示

（1）直流电压（或电流）。直流电压（或电流）是指其大小不随时间变化的信号，用符号"DC"或"—"表示。典型的直流电压有干电池的电压、直流稳压电源的电压，如果用这些电压加在纯电阻电路中，得到的电流就是直流电流。

（2）交流电压（或电流）。交流电压（或电流）的大小是随时间周期变化的，用符号"AC"或"～"表示。市电就是典型的交流电压，除此之外，函数信号发生器产生的方波、三角波也是交流电压。交流电压一般用幅度、峰峰值、有效值来表示，除此之外还有波形系数、波峰系数等表示法。

（3）幅度。一个周期性交流电压 $U(t)$ 在一个周期内相对于直流分量所出现的最大瞬时值称为该交流电压的幅度 U_m。

（4）峰值。峰值就是一个周期中信号的最大值 U_p。在直流分量为 0 的时候它等于幅度。

（5）峰峰值。峰峰值即波峰到波谷的差，用 U_{pp} 表示。

峰值、幅度与峰峰值的关系如图 1-1 所示。

（7）有效值。如果一个交流电通过一个电阻在一个周期时间内所产生的热量和某一直流电流通过同一电阻在相同的时间内产生的热量相等，那么这个直流电的量值就称为交流电的有效值，用 U_{rms} 表示。比如我们生活中使用的市电电压 220 V，也是指供电电压的有效

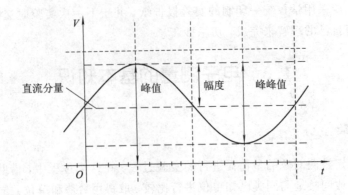

图 1-1 峰值、幅度与峰峰值的关系

值，对于正弦信号，有 $1U_{pp}=2\sqrt{2}U_{rms}$，$1U_{pp}=2$ 振幅。

注意，一般没有特别说明时，交流电压的测量值都是指有效值，用 U_{rms} 表示。

（8）交流信号的表征。通常用电压、电流或功率来表示一个信号。

1.4 实验电路的连接及故障处理

一、实验电路连接的注意事项

（1）检查连线情况。不管是安装在万能板上还是印制板上的电路，即使连线数量不是很多，也难免发生错接、少接和多接线的情况。检查连线一般可直接对照电路安装图进行，但若电路中的连线较多，则应以元器件（如运算放大器、三极管）为中心，依次检查其引脚的有关连线，这样不仅可以查出错接或少接的线，而且也较易发现多余的连线。为了确保连线的可靠，在查线的同时，还可以使用万用表电阻挡对连线进行通断检查，而且最好直接在器件引脚处测量，这样可同时查出"虚焊"隐患。

（2）检查元器件的安装情况。重点应该检查集成运放（集成运算放大器的简称）、三极管、二极管、电解电容、电源的正/负等引脚和极性是否接错，以及引脚间有无短接，同时还需检查元器件焊接处是否可靠。

（3）检查电源输入端与公共接地端之间有无短接。通电前，还需用万用表检查电源输入端与地之间是否存在短接，若有，则必须进一步检查其原因。

（4）检查电源。检查直流电源、信号源、地线是否连接正确；检测直流电源、信号源的波形数据是否符合要求。

二、实验电路的故障处理

实验中出现各种故障是难免的，通过对电路简单故障的分析、具体诊断和排除，可以提高操作者分析问题和解决问题的能力。

在实验电路中，常见的故障多属参数异常、开路、短路等三种类型。这些故障通常是由于接错电路、元器件损坏、实验仪器使用条件不符或数值给定不当、接触不良或导线内部断路等因素造成的。还有些不明显的故障需要根据实验数据进行判断，在没有错测、错读、错记和漏测的前提下，如果所读取的数据与估计值误差过大，应该考虑为实验故障。不论何类故障，如不及早发现并排除，都会影响实验的正常进行，甚至造成严重损失。

故障检测的方法很多，一般是根据故障类型确定部位，缩小范围，再在范围内逐点检查，最后找出故障点并予以排除。

（1）明显的故障可以通过感官发现，气味、声响、温度等异常反应一旦出现，应立即切断电源，找出故障点。

（2）检查电路接线有无错误，依次检查电源进线、保险丝、电路输入端子各部分有无电压，是否符合要求。

（3）用万用表（电压挡或电阻挡）在通电或断电状态下检查电路故障。

• 通电检测法：用万用表电压挡（或电压表）在接通电源情况下进行故障检测，根据实验原理，电路中某两点应该有电压而万用表测不出，或某两点不应该有电压而万用表测出了，那么故障就在此两点间。

• 断电检测法：用万用表电阻挡在断开电源情况下进行故障检测，根据实验原理，电路中某两点应该导通（或电阻极小）而万用表测出开路（或电阻很大），或两点间应该开路（或电阻很大）而测得的结果为短路（或电阻很小），则故障在此两点间。

（4）用示波器在通电状态下检查电路故障。用示波器从信号源输入端到信号输出端逐级检查波形，哪级的波形与正常波形不同，故障就在此级。

在选择检测方法时，要针对故障类型和实验线路结构进行选择，如短路故障或电路工作电压较高（200 V 以上），不宜用通电法检测。因为这两种情况存在时，有损坏仪表、元件和触电的可能。当被测电路中含有微安表、场效应管、集成电路、大电容等元件时，不宜用断电法（电阻挡）检测。

三、数字电路测试及故障查找、排除

1. 数字电路测试

数字电路静态测试是指给定数字电路若干组静态输入值，测定数字电路的输出值是否正确。数字电路状态测试的过程是在数字电路设计好后，将其安装连接成完整的线路，把线路的输入接到电平开关上，线路的输出接到电平指示灯（LED），按功能表或状态表的要求，改变输入状态，观察输入和输出之间的关系是否符合设计要求。

数字电路电平测试是测量数字电路输入与输出逻辑电平（电压）值是否正确的一种方法。数字逻辑电路中，对于 74 系列 TTL 集成电路要求，输入低电平 ≤0.8 V，输入高电平 ≥2 V。74 系列 TTL 集成电路输出低电平 ≤0.2 V，输出高电平 ≥3.5 V。

静态测试是检查设计与接线是否正确无误的重要一步。

动态测试就是在静态测试的基础上，按设计要求在输入端加动态脉冲信号，观察输出端波形是否符合设计要求。

2. 故障查找与排除

在数字逻辑电路实验中，出现问题是难免的，重要的是分析问题，找出问题的原因，从而解决问题。一般地说，产生问题（故障）的原因有三方面，即器件故障、接线错误和设计错误。

（1）器件故障。器件故障是器件失效或接插问题引起的故障，表现为器件工作不正常，这需要更换一个好器件。器件接插问题，如引脚折断或器件的某个（或某些）引脚没有插到插座中等，也会使器件工作不正常。器件接插错误有时不易发现，需要仔细检查。判断器件失效的方法是用集成电路测试仪测试器件。需要指出的是，一般的集成电路测试仪只能检测器件的某些静态特性。对于负载能力等静态特性和上升沿、下降沿、延迟时间等动态特性，一般的集成电路测试仪不能测试。测试器件的这些参数，须使用专门的集成电路测试仪。

（2）接线错误。在教学实验中，最常见的接线错误有漏线错误和布线错误。漏线的现象往往是忘记连接电源和地、线路输入端悬空。悬空的输入端可用三状态逻辑笔或电压表来检测。一个理想的 TTL 电路逻辑"0"电平为 $0.2 \sim 0.4$ V，逻辑"1"电平为 $3.6 \sim 5$ V，而悬空点的电平大约为 $1.6 \sim 1.8$ V。CMOS 的逻辑电平等于实际使用的电源电压，0 逻辑电平等于 0 V。接线错误会使器件（不是 OC 门）的输出端之间短路。两个具有相反电平的 TTL 集成电路输出端，如果短路，将会产生大约 0.6 V 的输出电压。

1.5　实验室安全守则

学生进入实验室后，应该遵守该实验室安全守则，听从老师的指导，规定如下：

（1）不准穿拖鞋或赤脚进入实验室，以防止漏电引起事故。

（2）使用仪器前必须了解其性能、操作方法及注意事项，在使用中则应严格遵守。

（3）实验时接线要认真，仔细检查，确保无误才能通电；初学或没有把握时应经指导老师检查后再通电。

（4）实验时应注意观察，若发现有破坏性异常现象（如器件冒烟、发烫或有异味），应立即关断电源，保持现场，报告指导老师，找出原因，排除故障并经指导老师同意后才能继续实验。如果发生事故（如器件或设备损坏），应主动填写事故报告单，服从处理决定（包括经济赔偿），并自觉总结经验，吸取教训。

（5）实验过程中需要改接线时，应先关断电源，然后才能拆线和接线。

（6）在进行焊接实验时，电烙铁的使用应该规范，注意防止烙铁烫伤和烫坏其他设备。

（7）实验结束后，必须将仪器电源关断，并将工具、导线等按规定整理好，保持桌面干净，老师签收后才可离开实验室。

（8）在实验室不可大声喧哗、打闹，不可做与实验无关的事，避免事故发生。

（9）遵守实验室纪律，不乱拿其他组的东西，不在仪器设备或桌面乱写乱画，爱护一切公物，保持实验室的整洁。

第 2 章　仿真软件 Multisim 10 使用介绍

Multisim 10 是基于 PC 平台的电子设计软件，支持模拟和数字混合电路的分析和设计，创造了集成的一体化设计环境，把电路的输入、仿真和分析紧密地结合起来，实现了交互式的设计和仿真，是 IIT 公司早期 EWB 5.0、Multisim 2001、Multisim 7、Multisim 8.x、Multisim 9 等版本的升级换代产品。

Multisim 10 提供了功能更强大的电子仿真设计界面，能进行包括微控制器件、射频、PSPICE、VHDL 等方面的各种电子电路的虚拟仿真，并提供了更为方便的电路图和文件管理功能，且兼容 Multisim 7 等，可在 Multisim 10 的基本界面下打开在 Multisim 7 等版本软件下创建和保存的仿真电路。

2.1　Multisim 10 基本操作

Multisim 10 基本界面如图 2-1 所示，包括菜单栏、标准工具栏、元器件工具栏、虚拟仪器工具栏、设计管理窗口和仿真工作平台等几大部分。

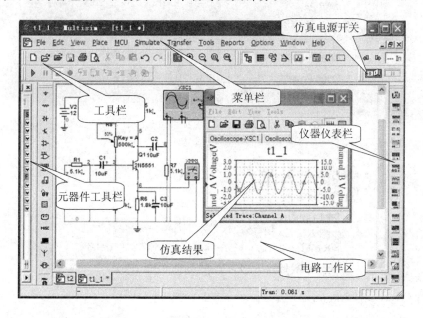

图 2-1　Multisim10 基本界面

一、Multisim 10 菜单栏

菜单栏(图2-2)包括了该软件的所有操作命令,从左至右为 File(文件)、Edit(编辑)、View(视图)、Place(放置)、MCU、Simulate(仿真)、Transfer(文件输出)、Tools(工具)、Reports(报表)、Options(选项)、Window(窗口)和 Help(帮助)。

File   Edit   View   Place   MCU   Simulate   Transfer   Tools   Reports   Options   Window   Help

图 2-2   Multisim 10 菜单栏

菜单栏中的 File(文件)菜单、Edit(编辑)菜单、View(视图)菜单、Place(放置)菜单、Simulate(仿真)菜单、Tools(工具)菜单、Options(选项)菜单、Window(窗口)菜单,分别如图 2-3～图 2-10 所示。

菜单项	快捷键	说明
New	▶	建立新的Multisim电路图文件
Open...	Ctrl+O	打开以前存在的Multisim电路图文件
Open Samples...		打开Multisim电路图例子
Close		关闭当前电路图文件
Close All		关闭所有已打开的文件
Save	Ctrl+S	保存当前电路图文件
Save As...		保存当前电路图并另存为其他文件名
Save all		保存所有已打开的电路图文件
New Project		建立一个新的工程项目文件
Open Project...		打开已存在的工程项目文件
Save Project		保存当前工程项目文件
Close Project		关闭当前工程项目文件
Version Control...		版本控制
Print...	Ctrl+P	打印
Print Preview		打印预览
Print Options	▶	打印选项设置
Recent Designs	▶	最近打开的电路图文件
Recent Projects	▶	最近打开的工程项目文件
Exit		退出并关闭Multisim程序

图 2-3   文件菜单

↶ Undo	Ctrl+Z	撤销最近一次操作
↷ Redo	Ctrl+Y	重复最近一次操作
✂ Cut	Ctrl+X	剪贴所选内容
📋 Copy	Ctrl+C	复制所选内容
📋 Paste	Ctrl+V	粘贴所选内容
✕ Delete	Delete	删除所选内容
⊡ Select All	Ctrl+A	选中当前全部电路图
Delete Multi-Page		删除多页面电路文件中的某一页电路文件
Paste as Subcircuit		将剪贴板中的电路图作为一个子电路放到指定位置上
🔍 Find...	Ctrl+F	查找电路图中的元器件
Graphic Annotation	▶	图形注释选项
Order	▶	改变电路图中所选元器件和注释的叠放次序
Assign to Layer	▶	指定所选的层为注释层
Layer Settings		层设置
Orientation	▶	对元器件进行旋转、翻转操作
Title Block Position	▶	设置电路图标题栏位置
Edit Symbol/Title Block		编辑元器件符号或标题栏
Font...		字体设置
Comment		表单编辑
Forms/Questions		编辑与电路有关的问题
📋 Properties	Ctrl+M	打开属性对话框

图 2-4 编辑菜单

🖥 Full Screen		全屏显示电路窗口
Parent Sheet		显示子电路或者分层电路的父节点
🔍 Zoom In	F8	放大电路窗口
🔍 Zoom Out	F9	缩小电路窗口
🔍 Zoom Area	F10	放大所选区域
🔍 Zoom Fit to Page	F7	显示完整电路图
Zoom to magnification	F11	按所设倍率放大
Zoom Selection	F12	以所选电路部分为中心进行放大
Show Grid		显示栅格
✓ Show Border		显示电路边界
Show Page Bounds		显示图纸边界
Ruler Bars		显示标尺
Statusbar		显示状态栏
✓ Design Toolbox		显示设计管理窗口
✓ Spreadsheet View		显示数据表格栏
Circuit Description Box	Ctrl+D	显示或隐藏电路窗口的描述窗口
Toolbars	▶	显示或隐藏工具栏
Show Comment/Probe		注释、探针显示
Grapher		显示或隐藏仿真结果的图表

图 2-5 视图菜单

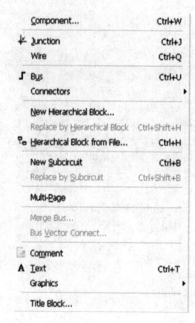

Component...	Ctrl+W	选择并放置元器件
Junction	Ctrl+J	放置节点
Wire	Ctrl+Q	放置连线
Bus	Ctrl+U	放置总线
Connectors	▶	放置连接器
New Hierarchical Block...		建立一个新的层次电路模块
Replace by Hierarchical Block	Ctrl+Shift+H	用层次电路模块替代所选电路
Hierarchical Block from File...	Ctrl+H	从文件获取层次电路
New Subcircuit	Ctrl+B	建立一个新的子电路
Replace by Subcircuit	Ctrl+Shift+B	用一个子电路代替所选电路
Multi-Page		产生多层电路
Merge Bus...		合并总线矢量
Bus Vector Connect...		放置总线矢量连接
Comment		放置提示注释
Text	Ctrl+T	放置文本
Graphics	▶	放置线、折线、矩形、椭圆、多边形等图形
Title Block...		放置一个标题栏

图 2-6　放置菜单

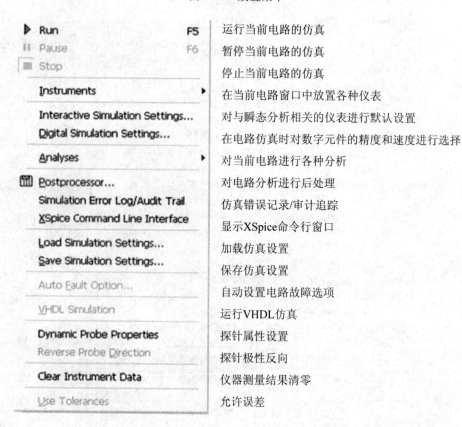

Run	F5	运行当前电路的仿真
Pause	F6	暂停当前电路的仿真
Stop		停止当前电路的仿真
Instruments	▶	在当前电路窗口中放置各种仪表
Interactive Simulation Settings...		对与瞬态分析相关的仪表进行默认设置
Digital Simulation Settings...		在电路仿真时对数字元件的精度和速度进行选择
Analyses	▶	对当前电路进行各种分析
Postprocessor...		对电路分析进行后处理
Simulation Error Log/Audit Trail		仿真错误记录/审计追踪
XSpice Command Line Interface		显示XSpice命令行窗口
Load Simulation Settings...		加载仿真设置
Save Simulation Settings...		保存仿真设置
Auto Fault Option...		自动设置电路故障选项
VHDL Simulation		运行VHDL仿真
Dynamic Probe Properties		探针属性设置
Reverse Probe Direction		探针极性反向
Clear Instrument Data		仪器测量结果清零
Use Tolerances		允许误差

图 2-7　仿真菜单

Component Wizard	创建元件向导
Database ▶	对元件库进行管理、保存、转换和合并
Variant Manager	变更管理
Set Active Variant	设置动态变更
Circuit Wizards ▶	为555定时器、运算放大电路等提供设计向导
Rename/Renumber Components	为元器件重命名、编号
Replace Components...	元器件替换
Update Circuit Components...	更新电路元器件
Update HB/SC Symbols	更新层次电路和子电路模块
Electrical Rules Check	电气规则检查
Clear ERC Markers	清除电气规则检查标记
Toggle NC Marker	对电路未连接点标识或者删除标识
Symbol Editor...	符号编辑器
Title Block Editor...	标题栏编辑器
Description Box Editor...	电路描述编辑器
Edit Labels...	编辑标签
Capture Screen Area	电路图截图

图 2-8　工具菜单

Global Preferences...	全局参数设置
Sheet Properties...	电路图或子电路图属性参数设置
Customize User Interface...	定制用户界面

图 2-9　选项菜单

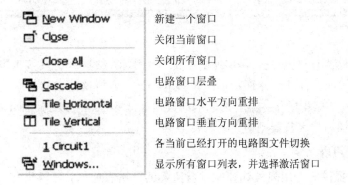

New Window	新建一个窗口
Close	关闭当前窗口
Close All	关闭所有窗口
Cascade	电路窗口层叠
Tile Horizontal	电路窗口水平方向重排
Tile Vertical	电路窗口垂直方向重排
1 Circuit1	各当前已经打开的电路图文件切换
Windows...	显示所有窗口列表，并选择激活窗口

图 2-10　窗口菜单

二、Multisim10元器件工具栏

元器件工具栏(图 2-11)是一个浮动窗口,用鼠标右击该工具栏就可以选择不同工具,或者鼠标左键单击工具栏不放,即可随意拖动它。

图 2-11　Multisim 10元器件工具栏

元器件工具栏包括电源、电阻、二极管、三极管、集成电路、TTL 集成电路、COMS 集成电路、数字器件、混合器件库、指示器件库、其他器件库、电机类器件库、射频器件库、导线、总线等等。

三、Multisim虚拟仪器仪表工具栏

Multisim 10 提供了 21 种虚拟仪器,这些虚拟仪器与现实中所使用的仪器一样,可以直接通过仪器观察电路的运行状态。同时,虚拟仪器还充分利用了计算机处理数据速度快的优点,对测量的数据进行加工处理,并产生相应的结果。Multisim 10 仪器库中的虚拟仪器如图 2-12 所示,从左至右分别是数字万用表(Multimeter)、失真分析仪(Distortion Analyzer)、函数信号发生器(Function Generator)、功率表(Wattmeter)、双踪示波器(Oscilloscope)、频率计(Frequency Counter)、安捷伦函数发生器(Agilent Function Generator)、四踪示波器(Four-channel Oscilloscope)、波特图示仪(Bode Plotter)、IV 分析仪(IV Analyzer)、字信号发生器(Word Generator)、逻辑转换仪(Logic Converter)、逻辑分析仪(Logic Analyzer)、安捷伦示波器(Agilent Oscilloscope)、安捷伦万用表(Agilent Multimeter)、频谱分析仪(Spectrum Analyzer)、网络分析仪(Network Analyzer)、泰克示波器(Tektronix Oscilloscope)、电流探针(Current Probe)、LabVIEW 仪器(LabVIEW Instrument)、测量探针(Measurement Probe)。

图 2-12　Multisim 虚拟仪器仪表工具栏

使用虚拟仪器时只需在仪器栏单击选用仪器图标,按要求将其接至电路测试点,然后双击该图标,就可以打开仪器面板进行设置和测试。虚拟仪器在接入电路并启动仿真开关后,若改变其在电路中的接入点,则显示的数据和波形也相应改变,而不必重新启动电路,对于波特图示仪和数字仪器则应重新启动电路。

1. 数字万用表

Multisim 提供的万用表外观和操作与实际的万用表相似,可以测电流(A)、电压(V)、电阻(Ω)和分贝值(dB),用于测直流或交流信号。万用表有正极和负极两个引线端,如图 2-13 所示。

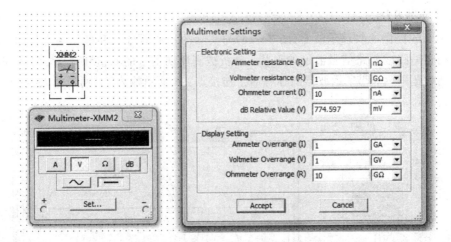

图 2 - 13　数字万用表

2. 函数发生器

Multisim 提供的函数发生器(图 2 - 14)可以产生正弦波、三角波和矩形波,信号频率可在 1 Hz～999 MHz 范围内调整。信号的幅值以及占空比等参数也可以根据需要进行调节。信号发生器有三个引线端口:负极、正极和公共端。

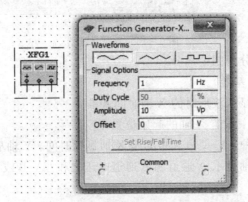

图 2 - 14　函数发生器

3. 功率表

Multisim 提供的功率表(图 2 - 15)用来测量电路的交流或者直流功率,功率表有四个引线端口:电压正极和负极、电流正极和负极。

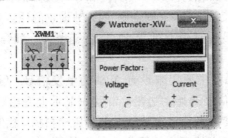

图 2 - 15　功率表

4. 双踪示波器

Multisim 提供的双踪示波器(图 2-16)与实际的示波器外观和操作基本相同,该示波器可以观察一路或两路信号波形的形状,分析被测周期信号的幅值和频率,时间基准可在秒直至纳秒范围内调节。示波器图标有四个连接点:A 通道输入、B 通道输入、外触发端 T 和接地端 G。

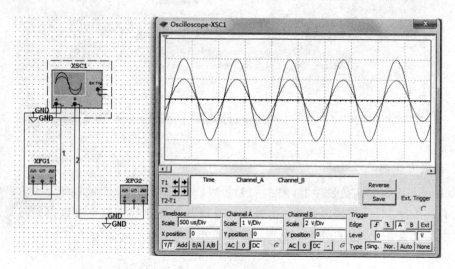

图 2-16 双踪示波器

示波器的控制面板分为四个部分:

(1) Timebase(时间基准)。

Scale(量程):设置显示波形时的 X 轴时间基准。

X position(X 位置):设置 X 轴的起始位置。

显示方式设置有四种:Y/T 方式指的是 X 轴显示时间,Y 轴显示电压值;Add 方式指的是 X 轴显示时间,Y 轴显示 A 通道和 B 通道电压之和;A/B 或 B/A 方式指的是 X 轴和 Y 轴都显示电压值。

(2) Channel A(通道 A)。

Scale(量程):通道 A 的 Y 轴电压刻度设置。

Y position(Y 位置):设置 Y 轴的起始点位置,起始点为 0 表明 Y 轴和 X 轴重合,起始点为正值表明 Y 轴原点位置向上移,否则向下移。

触发耦合方式有 AC(交流耦合)、0(0 耦合)和 DC(直流耦合)。交流耦合只显示交流分量,直流耦合显示直流和交流之和,0 耦合则在 Y 轴设置的原点处显示一条直线。

(3) Channel B(通道 B)。通道 B 的 Y 轴量程、起始点、耦合方式等项内容的设置与通道 A 相同。

(4) Tigger(触发)。触发主要用来设置 X 轴的触发信号、触发电平及边沿等。其中,Edge(边沿)用于设置被测信号开始的边沿,设置先显示上升沿或下降沿。Level(电平)用于设置触发信号的电平,使触发信号在某一电平时启动扫描。触发信号类型:Auto(自动)、通道 A 和通道 B 表明用相应的通道信号作为触发信号;ext 为外触发;Sing 为单脉冲触发;Nor 为一般脉冲触发。

5. 波特图仪

利用波特图仪可以方便地测量和显示电路的频率响应,波特图仪适合于分析滤波电路或电路的频率特性,特别易于观察截止频率。它需要连接两路信号,一路是电路输入信号,另一路是电路输出信号,且需在电路的输入端接交流信号。

波特图仪控制面板中有 Magnitude(幅值)或 Phase(相位)的选择、Horizontal(横轴)设置、Vertical(纵轴)设置以及显示方式的其他控制信号等,面板中的 F 指的是终值,I 指的是初值。在波特图仪的面板上,可以直接设置横轴和纵轴的坐标及其参数。

例如,构造一阶 RC 滤波电路,输入端加入正弦波信号源,电路输出端与示波器相连,目的是观察不同频率的输入信号经过 RC 滤波电路后输出信号的变化情况,如图 2-17 所示。

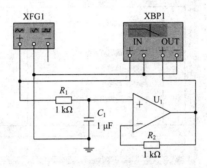

图 2-17　RC 滤波器

调整纵轴幅值测试范围的初值 I 和终值 F,调整相频特性纵轴相位范围的初值 I 和终值 F;打开仿真开关,点击幅频特性,在波特图仪观察窗口可以看到幅频特性曲线(如图 2-18 所示);点击相频特性,可以在波特图仪观察窗口显示相频特性曲线(如图 2-19 所示)。

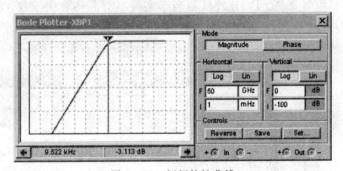

图 2-18　幅频特性曲线

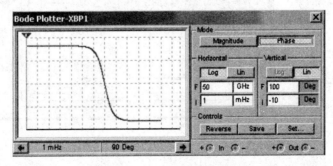

图 2-19　相频特性曲线

6. 逻辑转换器

Multisim 提供了一种虚拟仪器,即逻辑转换器,如图 2-20 所示。实际中没有这种仪器,逻辑转换器可以在逻辑电路、真值表和逻辑表达式之间进行转换。它有 8 路信号输入端和 1 路信号输出端。6 种转换功能依次是:逻辑电路转换为真值表、真值表转换为逻辑表达式、真值表转换为最简逻辑表达式、逻辑表达式转换为真值表、逻辑表达式转换为逻辑电路、逻辑表达式转换为与非门电路。

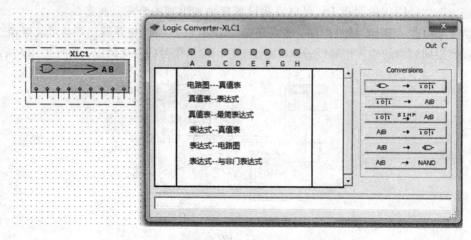

图 2-20 逻辑转换器的面板及表达式的输入

7. IV 分析仪

IV 分析仪专门用来分析晶体管的伏安特性曲线,如二极管、NPN 管、PNP 管、NMOS 管、PMOS 管等器件。IV 分析仪相当于实验室的晶体管图示仪,需要将晶体管与连接电路完全断开,才能进行 IV 分析仪的连接和测试。IV 分析仪通过三个连接点实现与晶体管的连接。IV 分析仪面板左侧是伏安特性曲线显示窗口,右侧是功能项,如图 2-21 所示。

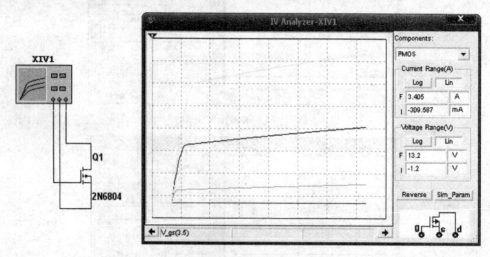

图 2-21 IV 分析仪面板线

8. 失真分析仪

失真分析仪专门用来测量电路的信号失真度,它提供的频率范围为 20 Hz～100 kHz。

失真分析仪面板最上方给出测量失真度的提示信息和测量值。Fundamental Freq.(分析频率)用于设置分析频率值。选择 THD(总谐波失真)或 SINAD(信噪比),单击 Set...按钮,打开设置窗口,如图 2-22 所示,根据 THD 的不同定义,可以设置 THD 的分析选项。

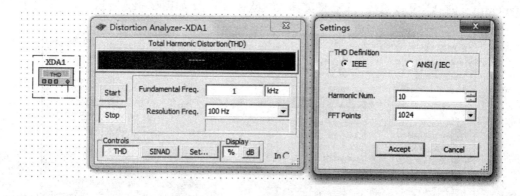

图 2-22 失真度的测试

2.2 Multisim 10 电路创建与仿真

一、电路的创建

启动 Multisim 10,如 2-23 图所示。

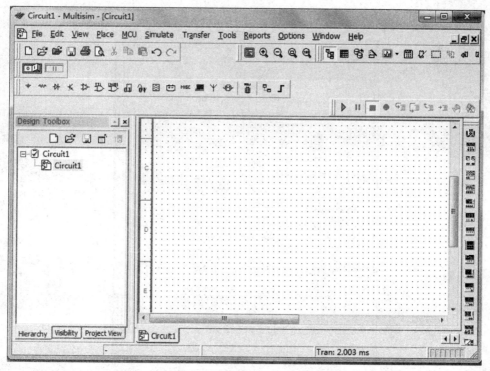

图 2-23 启动 Multisim 10

点击菜单栏上 Place(放置)→Component(或单击元器件工具栏的某一元器件图标)选项，弹出如图 2-24 所示的"选择元件"对话框。在放置元件之前，先点击 Options→Global Preferences(全局属性)菜单项，在弹出的窗口中点击 Parts 选项卡，然后将 Symbol standard 下的 ANSI 改选为 DIN(将美标改成欧标)即可，如图 2-25 所示。

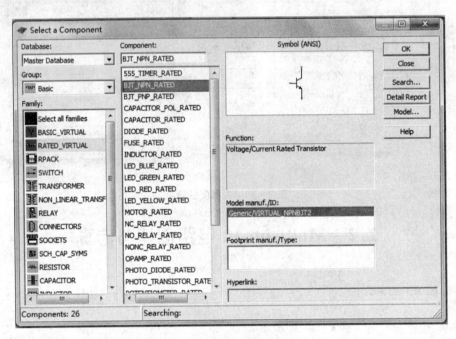

图 2-24　选择元件

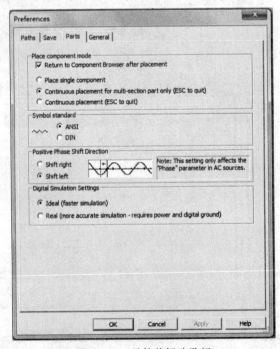

图 2-25　元件美标改欧标

选择合适的元器件，再点击"确定"按钮，此元器件将随鼠标一起移动，在工作区适当位置点击鼠标左键即可。如果想移动元器件，则单击元器件不放，再移动鼠标便可以移动其位置；在元器件上单击鼠标右键，选择要操作的功能，便可以旋转元器件。常用的元器件编辑功能有 90 Clockwise（顺时针旋转 90°）、90 CounterCW（逆时针旋转 90°）、Flip Horizontal（水平翻转）、Flip Vertical（垂直翻转）、Component Properties（元器件属性）等，如图 2-26 所示。这些操作可以在菜单栏的 Edit 菜单中选择，也可以应用快捷键进行操作。

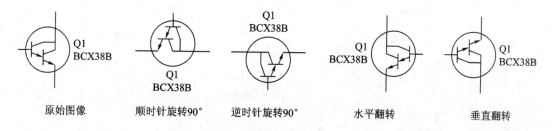

| 原始图像 | 顺时针旋转90° | 逆时针旋转90° | 水平翻转 | 垂直翻转 |

图 2-26　元器件的编辑

若元器件的值是可变的，如电位器，则应选取 Basic，然后选取 POTENTIOMETER（图 2-27），再点击 OK 按钮。

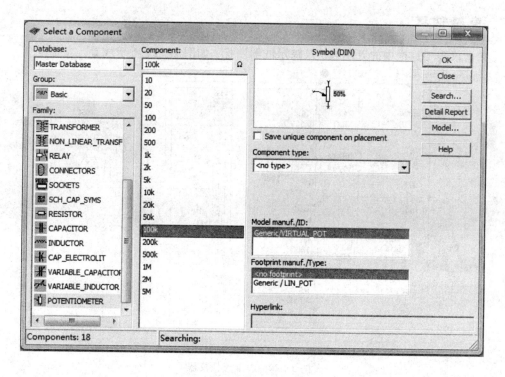

图 2-27　虚拟元器件的使用

根据原理电路图，选择合适的器件和仪器，然后连接电路，就能得到如图 2-28 所示的完整仿真电路图。

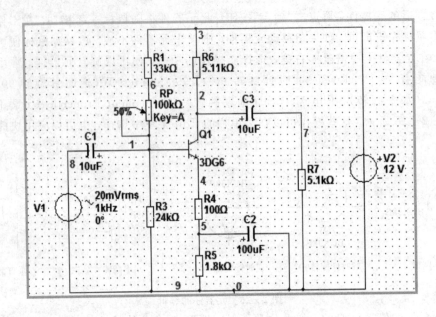

图 2-28　单级放大电路仿真电路图

二、电路仿真

单击仪表工具栏中的万用表、双踪示波器图标，如图 2-29 所示放置。

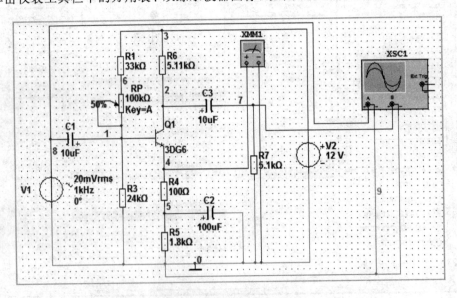

图 2-29　放置虚拟仪器

单击工具栏中的"运行"按钮，进行数据的仿真。然后，双击 图标，就可以观察三极管 e 端对地的直流电压，如图 2-30 所示。单击滑动变阻器，会出现一个虚框，再按键盘上的 A 键，就可以增加滑动变阻器的阻值，按 Shift＋A 组合键可以降低其阻值。

图 2 - 30　万用表的读数

双击  图标，得到 2 - 31 所示的波形。

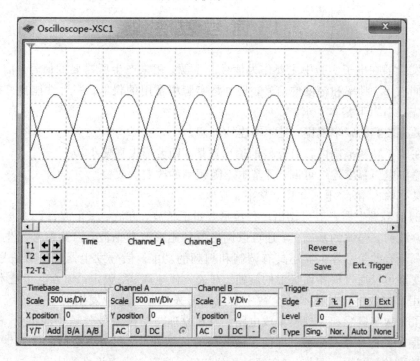

图 2 - 31　仿真结果

如果波形太密或者幅度太小，可以调整 Scale 中的数据。点击 Reverse 按钮可以改变虚拟示波器显示背景的颜色。

第 3 章 仪 器 知 识

本章主要介绍电路与电子技术基础实验中常用仪器的工作原理、内部结构、参数和使用方法。

3.1 信 号 发 生 器

信号发生器在电子实验中主要作为信号产生源，用来产生所需要的信号。信号发生器可产生不同波形、频率和幅度的信号，是电路实验中常用的仪器。一台性能良好的通用信号发生器应具备以下基本要求：

（1）具有较宽的频率范围，且频率连续可调。

（2）在整个频率范围内具有良好的输出波形，即波形失真要小。

（3）输出电压幅度连续可调，且基本不随频率的改变而改变。

（4）具有输出指示（电压幅度、频率、波形）。

目前的信号发生器一般可输出多种波形，如正弦波、方波、三角波、TTL 电平和直流电平，在方波和三角波的基础上，还可以调出各种矩形波和谐波，因此信号发生器又称为函数发生器，有的信号发生器还具有调制和扫频的功能。信号发生器所输出信号的波形、频率、幅度都可以通过仪器面板上的旋钮、开关方便地调节、设定。随着电子技术的发展，出现了采用直接数字合成技术的全数字合成信号发生器，这种发生器一改传统的模拟方法，采用了全数字概念和大规模集成电路。因其原理与晶振信号分频非常相似，故能轻松得到与晶振相同的频率稳定度，即使在极低频时依然如此。另外，这种信号发生器还具有频率变换速度快（可达 ns 量级），变频时相位连续；频率分辨率极高，且只受制于所用集成电路的规模等优点。由于电路中只有很少的模拟器件，这种仪器的稳定性和可靠性都得到了显著的提高。

直接数字合成信号发生器（DDS）采用数字合成方法产生一连串数据流，再经过数/模转换产生预先设定的模拟信号，即利用程序软件产生所需的信号。其原理框图如图 3-1 所示。

例如，首先将函数 $y=\sin x$ 进行数字量化，再以 x 为地址、y 为量化数据，依次存入波形存储器。使用时，依次读出这种数据，再经数/模转换，便可产生一个正弦波。

DDS 使用相位累加技术控制波形存储器的地址。在每个采样周期中，DDS 都把一个相位增量累加到相位累加器的当前结果上，通过改变相位增量而使输出的频率发生改变；再根据相位累加器输出的地址，由波形存储器取出波形量化数据，经数/模转换器和运放转换成模拟信号电压。不过，由于波形数据是简短的采样数据，输出是一个阶梯形的正弦波，必须经过低通滤波器滤除波形中的高次谐波，才可变为连续的、可供使用的正弦波。

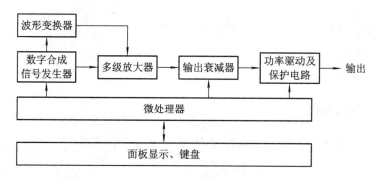

图 3-1　数字合成信号发生器原理框图

　　正弦波的输出幅度由幅度控制器控制，幅度控制器将低通滤波器输出的满幅度信号，按照设定的要求进行衰减，经过功率放大器放大后，送至输出端口。

　　数字合成信号发生器的控制中心是微处理器，操作者通过键盘控制各个模块，进行输出设置。

　　下面以 TF6000 系列信号发生器为例，介绍其使用方法。TF6000 系列信号发生器的面板如图 3-2 所示。

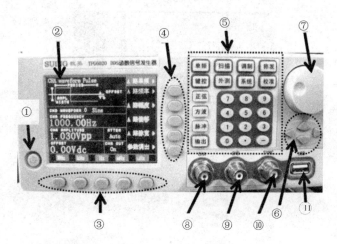

图 3-2　TF6000 系列信号发生器的面板

一、面板功能键介绍

在图 3-2 中，各部分的含义分别如下：

①—电源开关；

②—显示屏；

③—单位软键；

④—选项软键；

⑤—功能键，数字键；

⑥—方向键；

⑦—调节旋钮；

⑧—输出 A；

⑨—输出 B；

⑩—TTL 输出；

⑪—USB 接口。

二、屏幕显示说明

数字合成信号发生器使用 3.5″彩色 TFT 液晶显示屏，见图 3-3，其中各部分的说明如下：

①—波形示意图：左边上部为各种功能下的 A 路波形示意图。

②—功能菜单：右边为中文显示区，上边一行为功能菜单。

③—选项菜单：右边为中文显示区，下边五行为选项菜单。

④—参数菜单：左边英文显示区为参数菜单，依次为"B 路波形"、"频率等参数"、"幅度"、"A 路衰减"、"偏移等参数"、"输出开关"。

⑤—单位菜单：最下边一行为输入数据的单位菜单。

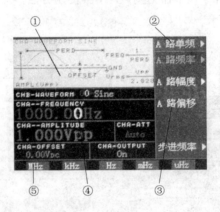

图 3-3　液晶显示屏

三、键盘说明

数字合成信号发生器前面板上共有 38 个按键，可以分为以下五类。

1. 功能键

【单频】、【扫描】、【调制】、【猝发】、【键控】键分别用来选择仪器的十种功能。【外测】键用来选择频率计数功能。【系统】、【校准】键用来进行系统设置及参数校准。【正弦】、【方波】、【脉冲】键用来选择 A 路波形。【输出】键用来开关 A 路或 B 路输出信号。

2. 选项软键

显示屏右边有五个空白键，其键功能随着选项菜单的不同而变化，称为选项软键。

3. 数据输入键

【0】、【1】、【2】、【3】、【4】、【5】、【6】、【7】、【8】、【9】键用来输入数字。【?】键用来输入

小数点。【一】键用来输入负号。

4. 单位软键

显示屏下边有五个空白键,其定义随着数据性质的不同而变化,称为单位软键。数据输入之后必须按单位软键,表示数据输入结束并开始生效。

5. 方向键

【<】、【>】键用来移动光标指示位,转动旋钮时可以加减光标指示位的数字。【∧】、【∨】键用来步进增减 A 路信号的频率或幅度。

四、基本操作

下面举例说明数字合成信号发生器的基本操作方法。

1. A 路单频

按【单频】键,切换到"A 路单频",如图 3-4 所示。

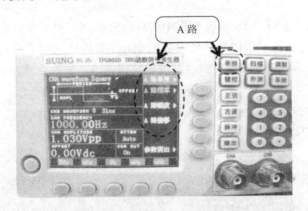

图 3-4　切换到"A 路单频"

(1) A 路频率设定:选中屏幕中"A 路频率"右边对应的选项软键,激活"A 路频率"设置,激活后,该项功能字符颜色变为绿色,如图 3-5 所示。

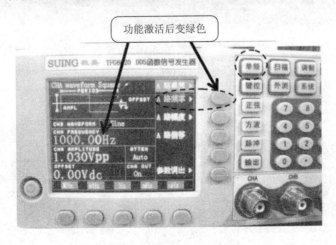

图 3-5　激活"A 路频率"设置

设定频率参数的方法有两种。

方法一：按数字键【3】、【·】、【5】，然后按屏幕中"kHz"下方对应的单位软键，如图 3-6 所示。（注：如无特别说明，下文中将用[kHz]表示单位软键设置，其他单位设置类同。）

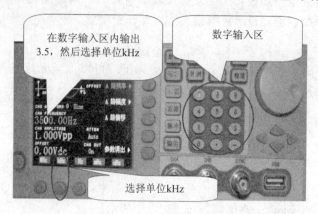

图 3-6　频率参数设置方法一

方法二：先按【＜】或【＞】键移动数据中的白色光标到需要改变的位数上，如图 3-7 所示。左右转动旋钮可使指示位的数字增大或减小，并能连续进位，由此可任意粗调或细调频率，如图 3-8 所示。其他选项数据也都可用旋钮调节，不再重述。

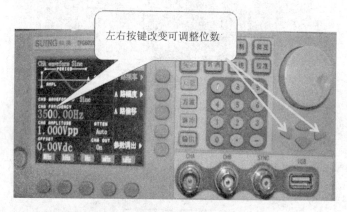

图 3-7　选中要改变参数的位数

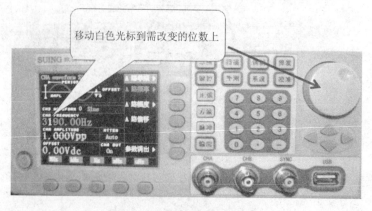

图 3-8　转动旋钮改变参数大小

（2）A 路周期设定：如设定周期值为 25 ms，则按显示屏中"A 路频率"右边对应的选项软键，将其切换为"A 路周期"，再按【2】、【5】键，然后按[ms]单位软键，如图 3-9 所示。

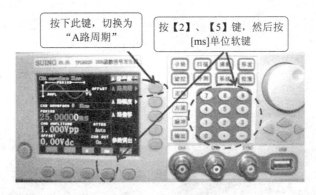

图 3-9　A 路周期设定

（3）A 路幅度设定（峰峰值）：如设定幅度峰峰值为 3.2 V，按下显示屏中"A 路幅度"字符右边对应的选项软键，激活"A 路幅度"，再按【3】、【·】、【2】键，然后按[Vpp]单位软键，如图 3-10 所示。

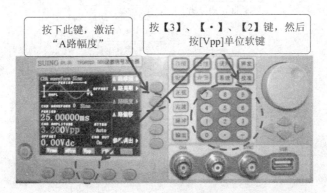

图 3-10　A 路幅度设定（峰峰值）

A 路幅度设定（有效值）：如设定幅度有效值为 1.5 V，则按【1】、【·】、【5】键，然后按[Vrms]单位软键，如图 3-11 所示。

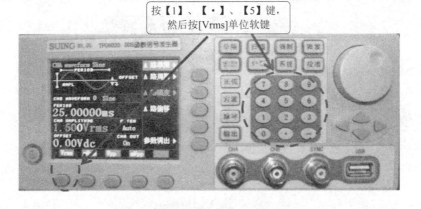

图 3-11　A 路幅度设定（有效值）

（4）A 路衰减选择：选择固定衰减 0dB（开机或复位后自动还原为自动衰减 Auto），按对应的软键，再按【0】键，选中"A 路衰减"，然后按[dB]单位软键，如图 3-12 和图 3-13 所示。

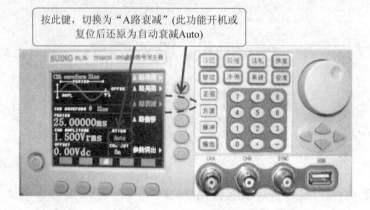

图 3-12　A 路衰减选择（1）

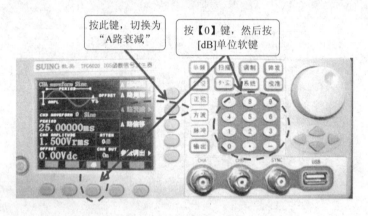

图 3-13　A 路衰减选择（2）

（5）A 路偏移设定：在衰减为 0 dB 时，设定直流偏移值为 -1 V，按对应的软键，选中"A 路偏移"，再按【-】、【1】键，然后按[Vdc]单位软键，如图 3-14 所示。

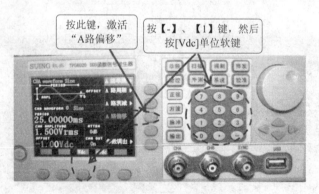

图 3-14　A 路偏移设定

（6）A 路波形选择：A 路只有三种波形，分别是正弦波、方波和脉冲波。选择脉冲波，按【脉冲】键，如图 3-15 所示。

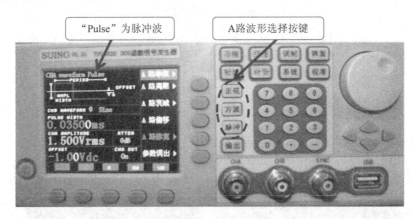

图 3-15 设置 A 路波形为脉冲波

（7）A 路脉宽设定：如设定脉冲宽度为 35 μs，则按对应的软键，选中"A 路脉宽"，再按【3】、【5】键，然后按[μs]单位软键，如图 3-16 所示。

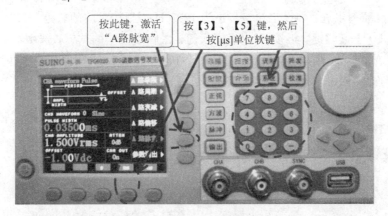

图 3-16 A 路脉宽设定

（8）A 路占空比设定：如设定脉冲波占空比为 25%，则按对应的软键，选中"占空比"，再按【2】、【5】键，然后按[%]单位软键，如图 3-17 所示。

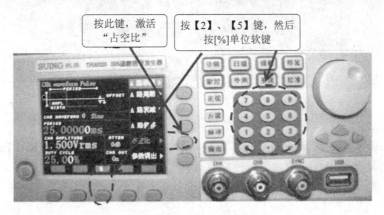

图 3-17 A 路占空比设定

(9) 存储参数调出：如调出 15 号存储参数，则按对应的软键，选中"参数调出"，再按【1】、【5】键，然后按［Ok］单位软键，如图 3-18 所示。

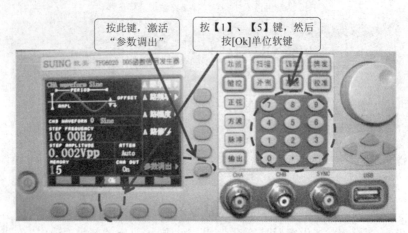

图 3-18　存储参数调出

(10) A 路频率步进：如设定频率步进为 12.5 Hz，则按对应的软键，选中"步进频率"，按【1】、【2】、【·】、【5】键，再按［Hz］单位软键，之后按对应的软键，选中"A 路频率"，然后每按一次【∧】键，A 路频率增加 12.5 Hz；每按一次【∨】键，A 路频率减少 12.5 Hz。A 路幅度步进与此类同。

2. B 路单频

按【单频】键，选中"B 路单频"功能，如图 3-19 所示。

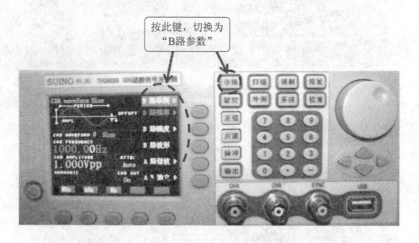

图 3-19　切换到 B 路

(1) B 路频率幅度设定：B 路的频率和幅度设定与 A 路类同，但 B 路不能进行周期设定，幅度设定只能使用峰峰值，不能使用有效值。

(2) B 路波形选择：选择三角波，按对应的软键，选中"B 路波形"，再按【2】键，然后按［Ok］键，如图 3-20 所示。

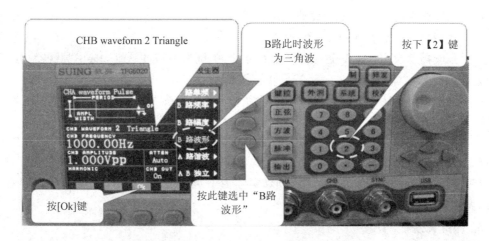

图 3 - 20 B路波形选择

（3）A路谐波设定：如设定B路频率为A路的三次谐波，则按对应的软键，选中"A路谐波"，再按【3】、[time]键。

（4）AB相差设定：如设定A、B两路信号的相位差为90°，则按对应的软键，选中"AB相差"，再按【9】、【0】、[°]键。

（5）两路波形相加：如设定A路和B路波形线性相加，由A路输出，则按对应的软键，选中"AB相加"。

3. 频率扫描

按【扫描】键，选中"A路扫频"功能。

（1）始点频率设定：如设定始点频率值为10 kHz，则按对应的软键，选中"始点频率"，再按【1】、【0】、[kHz]键。

（2）终点频率设定：如设定终点频率值为50 kHz，则按对应的软键，选中"终点频率"，再按【5】、【0】、[kHz]键。

（3）步进频率设定：如设定步进频率值为200 Hz，则按对应的软键，选中"步进频率"，再按【2】、【0】、【0】、[Hz]键。

（4）扫描方式设定：如设定往返扫描方式，则按对应的软键，选中"往返扫描"。

（5）间隔时间设定：如设定间隔时间为25 ms，则按对应的软键，选中"间隔时间"，再按【2】、【5】、[ms]键。

（6）手动扫描设定：如设定手动扫描方式，则按对应的软键，选中"手动扫描"，连续扫描停止，每按一次对应的软键，A路频率步进一次。如果不选中"手动扫描"，则连续扫描恢复。

（7）扫描频率显示：按对应的软键，选中"A路频率"，频率显示数值随扫描过程同步变化，但是扫描速度会变慢。如果不选中"A路频率"，频率显示数值不变，扫描速度正常。

4. 幅度扫描

按【扫描】键，选中"A路扫幅"功能，设定方法与"A路扫频"类同。

5. 频率调制

按【调制】键，选中"A路调频"功能。

（1）载波频率设定：如设定载波频率值为 100 kHz，则按对应的软键，选中"载波频率"，再按【1】、【0】、【0】、[kHz]键。

（2）载波幅度设定：如设定载波幅度值为 2 V，则按对应的软键，选中"载波幅度"，再按【2】、[Vpp]键。

（3）调制频率设定：如设定调制频率值为 10 kHz，则按对应的软键，选中"调制频率"，再按【1】、【0】、[kHz]键。

（4）调频频偏设定：如设定调频频偏值为 5.2%，则按对应的软键，选中"调频频偏"，再按【5】、【·】、【2】、[%]键。

（5）调制波形设定：如设定调制波形（实际为 B 路波形）为三角波，则按对应的软键，选中"调制波形"，再按【2】、[Ok]键。

6. 幅度调制

按【调制】键，选中"A 路调幅"功能。

（1）载波频率、载波幅度、调制频率和调制波形设定与"A 路调频"类同。

（2）调幅深度设定：如设定调幅深度值为 85%，则按对应的软键，选中"调幅深度"，再按【8】、【5】、[%]键。

7. 猝发输出

按【猝发】键，选中"B 路猝发"功能。

（1）B 路频率、B 路幅度设定与"B 路单频"相同。

（2）猝发计数设定：如设定猝发计数为 5 个周期，则按对应的软键，选中"猝发计数"，再按【5】、[cycl]键。

（3）猝发频率设定：如设定脉冲串的重复频率为 50 Hz，则按对应的软键，选中"猝发频率"，再按【5】、【0】、[Hz]键。

（4）单次猝发设定：如设定单次猝发方式，则按对应的软键，选中"单次猝发"，连续猝发停止，每按一次对应的软键，猝发输出一次。如果不选中"单次猝发"，则连续猝发恢复。

8. 频移键控 FSK

按【键控】键，选中"A 路 FSK"功能。

（1）载波频率设定：如设定载波频率值为 15 kHz，则按对应的软键，选中"载波频率"，再按【1】、【5】、[kHz]键。

（2）载波幅度设定：如设定载波幅度值为 2 V，则按对应的软键，选中"载波幅度"，再按【2】、[Vpp]键。

（3）跳变频率设定：如设定跳变频率值为 2 kHz，则按对应的软键，选中"跳变频率"，再按【2】、[kHz]键。

（4）间隔时间设定：如设定跳变间隔时间为 20 ms，则按对应的软键，选中"间隔时间"，再按【2】、【0】、[ms]键。

9. 幅移键控 ASK

按【键控】键，选中"A 路 ASK"功能。

（1）载波频率、载波幅度和间隔时间设定与"A 路 FSK"类同。

（2）跳变幅度设定：如设定跳变幅度值为 0.5 V，则按对应的软键，选中"跳变幅度"，再按【0】、【·】、【5】、[Vpp]键。

10. 相移键控 PSK

按【键控】键，选中"A 路 PSK"功能。

（1）载波频率、载波幅度和间隔时间设定与"A 路 FSK"类同。

（2）跳变相位设定：如设定跳变相位值为 180°，则按对应的软键，选中"跳变相位"，再按【1】、【8】、【0】、[°]键。

3.2 毫 伏 表

交流毫伏表是一种专门用于测量正弦波电压有效值的仪器。它具有高输入阻抗、宽频率范围和高灵敏度（一般可测量毫伏级信号，所以称为毫伏表）等特点。

交流毫伏表种类繁多，有可测量交直流电压的毫伏表，也有专门测量交流电压的毫伏表。毫伏表又以频率高低分为低频毫伏表、高频毫伏表、超高频毫伏表等。

交流毫伏表又可分为模拟交流毫伏表和数字交流毫伏表。数字交流毫伏表是将被测信号进行数字技术处理后，用数字显示出测量结果。数字交流毫伏表与模拟交流毫伏表相比有更多优点，目前已经逐渐取代模拟交流毫伏表。

下面以 SM1030 双输入数字交流毫伏表为例介绍毫伏表的使用方法。SM1030 双输入数字交流毫伏表的前面板如图 3-21 所示。

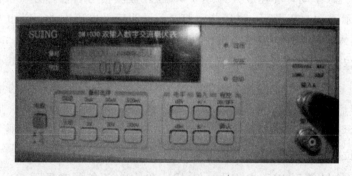

图 3-21　SM1030 双输入数字交流毫伏表前面板

1. 按键和插座

【电源】按键：开/关毫伏表，开机时显示厂标和型号后，进入初始状态，"输入 A"，手动改变量程，量程最大为 300 V，同时显示电压和 dBV 值。

【自动】按键：切换到自动选择量程。在自动位置，输入信号小于当前量程的 1/10 时，自动减小量程；输入信号大于当前量程的 4/3 倍时，自动加大量程。

【手动】按键：无论当前状态如何，按下手动键都切换到手动选择量程，并恢复到初始状态。在手动位置，应根据"过压"和"欠压"指示灯的提示，改变量程，即过压灯亮，增大量程；欠压灯亮，减小量程。

【3mV】～【300V】按键：量程切换键，用于手动选择量程。

【dBV】按键：切换到显示 dBV 值。

【dBm】按键：切换到显示 dBm 值。

【ON/OFF】按键：进入/退出程控。

【确认】按键：确认地址。

【A/＋】按键：切换到输入端 A，显示屏和指示灯都显示输入端 A 的信息。量程选择键和电平选择键对输入端 A 起作用。设定程控地址时，起地址加作用。

【B/－】按键：切换到输入端 B，显示屏和指示灯都显示输入端 B 的信息。量程选择键和电平选择键对输入端 B 起作用。设定程控地址时，起地址减作用。

输入 A：A 输入端。

输入 B：B 输入端。

2. 指示灯

"自动"指示灯：用自动键切换到自动选择量程时，该指示灯亮。

"过压"指示灯：输入电压超过当前量程的 4/3 时倍，过压指示灯亮。

"欠压"指示灯：输入电压小于当前量程的 1/10 时，欠压指示灯亮。

SM1030 有两个输入端，由输入 A 或输入 B 输入被测信号，也可由输入端 A 和输入端 B 同时输入两个被测信号。两输入端的量程选择方法、量程大小和电平单位，都可以分别设置，互不影响；但两输入端的工作状态和测量结果不能同时显示。可用输入选择键切换到需要设置和显示的输入端。

3. 手动测量

可从初始状态（手动，量程最大为 300 V）输入被测信号，然后必须根据"过压"和"欠压"指示灯的提示手动改变量程。过压指示灯亮，说明信号电压太大，应加大量程；欠压指示灯亮，说明输入电压太小，应减小量程。

4. 自动量程的使用

选择自动量程后，在自动位置，仪器根据信号的大小自动选择合适的量程。若过压指示灯亮，显示屏显示 ＊＊＊＊ V，说明信号大于最大量程 300 V，超出了本仪器的测量范围。若欠压指示灯亮，显示屏显示 0，说明信号太小，也超出了本仪器的测量范围。

5. 电平单位的选择

根据需要可选择显示 dBV 或 dBm，但 dBV 和 dBm 不能同时显示。

3.3 数字万用表

万用表是一种多功能、多量程的便携式电子电工仪表，一般的万用表可以测量直流电流、直流电压、交流电压和电阻等。有些万用表还可测量电容、电感、功率、晶体管共射极直流放大系数 h_{FE} 等。因此，万用表是电子电工专业必备的仪表之一。

万用表一般可分为指针万用表和数字万用表两种。由于篇幅所限，这里只介绍数字万用表。数字万用表是指测量结果主要以数字的方式显示的万用表，图 3 - 22 所示即为一手持式数字万用表的实物图。数字万用表的主要原理是先将被测量的模拟信号由模/数转换器（A/D 转换器）变换成数字量，然后通过电子计数器计数，最后把测量结果以数字的形式直接显示在显示器上。与指针式万用表相比，数字式万用表具有以下特点：

图 3-22　手持式数字万用表实物

（1）采用大规模集成电路，提高了测量精度，减少了测量误差。

（2）以数字方式在屏幕上显示测量值，读数更为直观、准确。

（3）增设了快速熔断器和过压、过流保护装置，过载能力进一步加强。

（4）具有防磁抗干扰能力，测试数据稳定，使万用表在强磁场中也能正常工作。

（5）具有自动调零、极性显示、超量程显示及低压指示功能。

有的数字万用表还增加了语音自动报测数据装置，真正实现了会说话的智能型万用表。

一、手持式数字万用表

手持式数字万用表一般分为三位半、四位半、五位半等类型，这里的半位是指测量值的最高位只能显示"1"，因此只有半位。手持式数字万用表的挡位选择开关周围的一圈数字表示的是量程，若超过量程，则仅在高位显示"1"。例如选择直流电压的 20 V 挡，则最大只能测量 20 V 的直流电压，超过 20 V，仅在高位显示"1"。万用表使用完毕后必须关闭电源。

1. 直流电压的测量

将黑表笔插入"COM"插孔，红表笔插入"V/Ω"插孔，将量程开关转至直流电压挡（"V"挡位）相应的量程上，然后将测试表笔分别跨接在被测电路的两端，红表笔所接的该点电压与极性将显示在显示器上。测量时要注意以下几点：

（1）如果事先不清楚被测电压范围，应将量程开关转到最高的挡位，然后根据显示值将量程开关转至适当的挡位上。

（2）输入电压切勿超过 1000 V，否则会损坏仪表。

（3）测量高电压电路时，千万注意避免触及该电路。

2. 交流电压的测量

万用表的交流电压挡可以测量较高电压、较低频率的交流电有效值。使用时，将黑表笔插入"COM"插孔，红表笔插入"V/Ω"插孔，将量程开关转至交流电压挡(V 上有一"～"标志)相应的量程上，然后将测试表笔分别跨接在被测电路的两端。测量时要注意以下几点：

(1) 如果事先不清楚被测电压范围，应将量程开关转到最高挡位，然后根据显示值将量程开关转至适当的挡位上。

(2) 输入电压的有效值切勿超过于 700 V，否则会损坏仪表。

(3) 测量高电压电路时，千万注意避免触及该电路。

(4) 万用表虽然可测量交流电压，但因整流元件的极间电容较大，故被测电压的频率越高则误差越大，一般只能测量 45 Hz～1 kHz 的电压，更高频率的电压需用交流毫伏表测量。

3. 直流电流的测量

将黑表笔插入"COM"插孔，红表笔插入"mA"插孔(最大为 200 mA)，或插入"10A"插孔(最大为 10 A)，将量程开关转至直流电流挡相应的挡位上，然后将仪表串联到被测电路中，被测量的电流及红色表笔点的电流极性将同时显示在显示屏上。测量时要注意以下几点：

(1) 如果事先不清楚被测电流的范围，应将量程开关转到最高挡位，然后按显示值将量程开关转到相应的挡位上。

(2) 可测量的输入电流范围为 200 mA～10 A，过大的电流会将保险丝熔断，保险丝熔断后，将无法测量(显示屏上显示为 0)。在使用 10 A 挡测量时尤其要注意，因为该挡位没有保险丝，所以不要超过量程。

4. 交流电流的测量

将黑表笔插入"COM"插孔，红表笔插入"mA"插孔(最大为 200 mA)，或插入"10A"插孔(最大为 10 A)，将量程开关转至交流电流挡相应的挡位上，然后将仪表串入被测电路中。测量时要注意以下几点：

(1) 如果事先不清楚被测电流范围，应将量程开关转到最高挡位，然后按显示值将量程开关转到相应的挡位上。

(2) 可测量的输入电流范围为 200 mA～10 A，过大的电流会将保险丝熔断，在使用 10 A 挡位测量时尤其要注意，因为该挡位没有保险丝，所以不要超过量程。

5. 电阻的测量

将黑表笔插入"COM"插孔，红表笔插入"V/Ω"插孔，将量程开关转至相应的电阻量程上，将两表笔跨接在被测电阻两端。测量时要注意以下几点：

(1) 如果电阻的阻值超过所选的量程或输入端开路时，屏幕会显示"1"，这时要将量程开关调高一挡。当被测电阻的阻值超过 1MΩ 时，读数需几秒才能稳定，这在测量高阻时是正常的。

(2) 对于 200 Ω 挡位，数值可直接读出，如显示 126，则阻值即为 126 Ω；对于 2 k、20 k、200 k、2 M、20 M、200 M 等挡位，需要加上后面的字母，如选择 20 k 挡位，显示 7.45，则阻值即为 7.45 kΩ。

(3) 当电阻连接在电路中时，首先应将电路的电源断开，并把电阻从电路中断开，决不能带电在电路中测量！否则，容易烧坏万用表，测量结果也会不准确。

6. 电容的测量

将被测电容插入电容插口，将量程开关置于相应的电容量程上。测量时要注意以下几点：

（1）如被测电容容量超过所选择的量程，屏幕将显示"1"，此时应将量程开关调高一挡。

（2）在将电容插入电容插口前，屏幕显示值可能尚未回到零，残留读数会逐渐减小，可以不予理会，它不会影响测量结果。

（3）在测试电容的容量之前，对电容要充分放电，以防止损坏仪表。

7. 二极管及导线通断测量

将黑表笔插入"COM"插孔，红表笔插入"V/Ω"插孔（注意红表笔极性为"＋"），将量程开关置于"⎯▷⎯"挡，当测量二极管时，将红表笔连接在待测试的二极管的 P 极，黑表笔连接在 N 极，读数为二极管正向压降的近似值。

测量电阻时，若阻值低于 30 Ω，万用表会发出蜂鸣声，因此可以用此功能检测导线的通断。

8. 三极管的 h_{FE} 参数（三极管直流放大倍数 β）测试

将量程开关置于 h_{FE} 档，先确定所测晶体管是 NPN 型还是 PNP 型，然后选择与之相应的插孔，将发射极、基极、集电极分别插入，屏幕将显示三极管的直流放大倍数 β 值。

二、台式数字万用表

台式数字万用表的用途与手持式数字万用表的类似，但其功能比手持式数字万用表更丰富，精度更高。下面以 GDM－8245 台式数字万用表为例介绍使用方法。GDM－8245 台式数字万用表前面板如图 3－23 所示。

图 3－23 GDM－8245 台式数字万用表前面板

1. 万用表表笔的连接

GDM－8245 台式万用表共有 4 个插孔。黑表笔插入黑色的 COM 孔。红表笔根据不同的测量参数插入不同的孔中：

（1）测量电压、电阻、二极管正向压降、蜂鸣器检测导线通断、电容时，插入正上方的红色插孔。

（2）测量【DCA】、【ACA】挡位的电流时，插入左端标记为"MAX 2A"的红色插孔，此插孔有保险丝保护。若保险丝烧断，可从标记为"FUSE T2A 250V"的孔中旋出保险管更换。

（3）测量【DC20A】、【AC20A】挡位的电流时，插入下端标记为"MAX 20A"的红色插孔。此插孔没有保险丝保护，最多只能使用 15 s。

2. 电压的测量

1）直流电压测量

【DCV】、【DCmV】用于直流电压的测量，两者的切换用【Shift】键。

【DCV】的可选量程为 5 V、50 V、500 V、1200 V。

【DCmV】的可选量程为 500 mV。

2）交流电压测量

【ACV】、【ACmV】用于交流电压有效值的测量，两者的切换用【Shift】键。

【ACV】的可选量程为 5 V、50 V、500 V。

【ACmV】的可选量程为 500 mV。

量程的切换使用【▲】或【▼】键，若被测电压超过所选量程，则万用表会显示"—OL—"字样。假如不清楚被测电压的范围，建议从最高挡开始选择，或者按【AUTO/MAN】键选择自动方式调整量程，当屏幕上出现"AUTO"时，万用表会自动选择合适的量程并测出数据。

3. 电流的测量

1）直流电流测量

【DCA】、【DC20A】用于直流电流的测量，两者的切换用【Shift】键。

【DCA】的可选量程为 500 μA、5 mA、50 mA、500 mA、2 A。该挡位有保险丝保护。

【DC20A】的可选量程为 20 A。该挡位没有保险丝保护，最多只能使用 15 s。

2）交流电流测量

【ACA】、【AC20A】用于交流电流有效值的测量，两者的切换用【Shift】键。

【ACA】的可选量程为 500 μA、5 mA、50 mA、500 mA、2 A。该挡位有保险丝保护。

【AC20A】的可选量程为 20 A。该挡位没有保险丝保护，最多只能使用 15 s。

电流测量时量程的选择和设置方式与电压测量时相同。

4. 电阻的测量

【Ω】挡的可选量程为 500 Ω、5 kΩ、50 kΩ、500 kΩ、5 MΩ、20 MΩ。假如不清楚被测电阻的范围，也可按【AUTO/MAN】键选择自动方式调整量程，当屏幕上出现"AUTO"时，万用表会自动选择合适的量程并测出数据，若被测电阻超过量程，则万用表会显示"—OL—"字样。电阻测量时量程的选择和设置方式与电压测量时相同。

5. 蜂鸣器

选中蜂鸣器挡，如图 3-24 所示。将红、黑表笔分别连接到被测元件两端，当接触端电阻小于 5 Ω 时，蜂鸣器会鸣叫。该挡用于测量导线的通断。

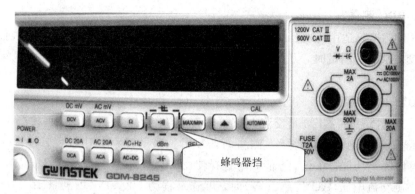

图 3 - 24　蜂鸣器挡

6. 二极管正向压降的测量

先按【Shift】键，再选中蜂鸣器挡位，切换为二极管正向压降测量挡位，即可开始测量。

7. 电容的测量

选中电容挡，如图 3 - 25 所示。此挡位用于测量电容大小，可选量程有 5 nF、50 nF、500 nF、5 μF、50 μF，其中 5 nF 量程容易被测试导线的阻抗和位置所干扰，所以为避免影响精确度，测试导线必须尽量缩短。

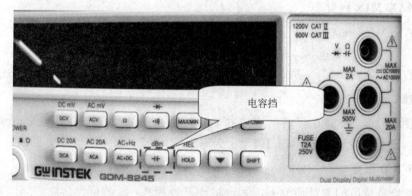

图 3 - 25　电容挡

8. dBm 测量

该挡是将电压测量转换为 dBm 测量。按下【dBm】键，第二显示屏会显示出 dBm 的值，而相对应的电压值会显示在主显示屏上。第二显示屏位置如图 3 - 26 所示。

图 3 - 26　第二显示屏位置

9. AC＋DC 测量

【AC＋DC】挡只适用于电压或电流测量。此挡位用于测量输入信号的有效值，包括直流成分和交流成分。测量时，万用表测量过程会比较慢，按其他功能键即可解除该挡位的功能。

10. AC＋Hz 测量

【AC＋Hz】挡只适用于测量交流电压或电流的频率。按【Shift】键，再按【AC＋Hz】键，第二显示屏显示所测信号的频率。测量时，万用表测量过程会比较慢，再按一次【AC＋Hz】键即可解除该功能。注意：不能同时选择使用 dBm 挡位和【AC＋Hz】挡位。

（1）当测交流电压（ACV、ACmV）时，可选量程为 500 mV（可测量 10 Hz～150 kHz 信号）、5 V（可测量 10 Hz～200 kHz 信号）、50 V（可测量 20 Hz～200 kHz 信号）和 500 V（可测量 20 Hz～1 kHz 信号）。

（2）当测交流电流（ACA、AC20A）时，可选量程为 500 μA（可测量 10 Hz～20 kHz 信号）、5 mA（可测量 10 Hz～20 kHz 信号）、50 mA（可测量 10 Hz～20 kHz 信号）、500 mA（可测量 10 Hz～20 kHz 信号）、2 A（可测量 10 Hz～2 kHz 信号）和 20 A（可测量 10 Hz～2 kHz 信号）。

其中，AC20A 挡位没有保险丝保护，最多只能使用 15 s。

11. MAX/MIN 测量

在 MAX/MIN 测量模式下，万用表会保留最小和最大读数。按【MAX/MIN】键设定为 MAX 模式，会显示出连续输入的最大值。按【MAX/MIN】键设定为 MIN 模式，会显示出连续输入的最小值。在 MIN 模式时，再按【MAX/MIN】键即可解除该挡位的功能。

12. REL 测量

按下【REL】键，可储存目前的读数并显示接下来的测量值与储存值之间的差值。在 MAX/MIN 测量模式下，按【REL】键设定为 REL 模式后，最大和最小值会成为基准值。

13. HOLD 测量

在较复杂或危险的测量环境下，设定为 HOLD 模式，眼睛可以只注意测试表笔，等到方便且安全时，再读屏幕上的读数。按【HOLD】键，最后读数会被保留在屏幕上，再按一次【HOLD】键，即可解除该功能。

3.4 直流稳定电源

直流稳定电源的作用是将交流电转变为稳定的直流电，其组成如图 3 - 27 所示。

图 3 - 27 直流稳定电源的组成

出于安全、稳定的要求，稳压部分还需要包含采样反馈电路（目的是使输出电压更稳定）、保护电路（防止短路、过压过流烧毁）等。下面以 SS2323 直流稳定电源为例进行说明（见图 3 - 28）。

图 3 - 28　SS2323 可跟踪直流稳定电源面板

一、面板控制功能说明

POWER：电源开关。置 ON 位，电源接通，可正常工作；置 OFF 位，电源关断。

【OUTPUT】开关：打开或关闭输出。

【OUTPUT】指示灯：输出状态下指示灯亮。

"＋"输出端子：每路输出的正极输出端子(红色)。

"－"输出端子：每路输出的负极输出端子(黑色)。

GND 端子：大地和电源接地端子(绿色)。

【VOLTAGE】旋钮：电压调节，调整稳压输出值。

【CURRENT】旋钮：电流调节，调整稳流输出值(有时调压不正常，应将电流顺时针调大)。

字符"V"上屏幕显示的数值：电压表，指示输出电压。

字符"A"上屏幕显示的数值：电流表，指示输出电流。

C. V. /C. C. (MASTER)指示灯：CH1 路输出状态指示灯。当 CH1 路输出处于稳压状态时，C. V. 灯(绿灯)亮；当 CH1 输出在稳流状态时，C. C. 灯(红灯)亮。

C. V. /C. C. (SLAVE)指示灯：当 CH2 输出在稳压状态时，C. V. 灯(绿灯)亮；当 CH2 输出在稳流状态时，C. C. 灯(红灯)亮。

TRACKING：两个键配合使用时，可选择 INDEP(独立)、SERIES(串联)跟踪或PARALLEL(并联)跟踪三种模式。

(1) 当两个按键都未按下时，电源工作在 INDEP(独立)模式。CH1 和 CH2 输出完全独立。

(2) 只按下左键，不按下右键时，电源工作在 SERIES(串联)跟踪模式。CH1 输出端子的负端与 CH2 输出端子的正端自动连接，此时 CH1 和 CH2 的输出电压和输出电流完全由主路 CH1 路调节旋钮控制，电源输出电压为 CH1 和 CH2 两路输出电压之和。

(3) 两个键同时按下时，电源工作在 PARALLEL(并联)跟踪模式。CH1 输出端子与CH2 输出端子自动并联，输出电压与输出电流完全由主路 CH1 控制，电源输出电流为CH1 与 CH2 两路之和。

二、输出工作方式

1. 独立输出模式

独立模式时，CH1 和 CH2 为完全独立的两组电源，可单独或两组同时使用：

（1）打开电源，确认 OUTPUT 开关置于关断状态。

（2）同时将两个 TRACKING 选择按键弹出，将电源设定在独立操作模式。

（3）调整电压和电流旋钮至所需电压和电流值。单路最大只能输出 32 V，有时如果调压不能正常工作（即不随着调压旋钮变化），应调节调流旋钮，将电流增大。

（4）将红色导线插入输出端的正极。

（5）将黑色导线插入输出端的负极。

连接负载后，打开 OUTPUT 开关。独立电源输出的连接方式可参照图 3-29 所示。

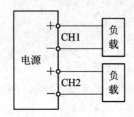

图 3-29　独立电源输出的连接方式

2. 串联跟踪模式

当选择串联跟踪模式时，CH2 输出端正极将自动与 CH1 输出端子的负极相连接。而其最大输出电压（串联电压）即由两组（CH1 和 CH2）输出电压串联成一组连续可调的直流电压。调整 CH1 电压控制旋钮即可实现 CH2 输出电压与 CH1 输出电压同时变化。其操作过程如下：

（1）打开电源，确认 OUTPUT 开关置于关断状态。

（2）按下 TRACKING 左边的选择按键，弹出右边按键，将电源设定在串联跟踪模式。

（3）将 CH2 电流控制旋钮顺时针旋转到最大，CH2 的最大电流的输出随 CH1 电流设定值而改变。根据所需工作电流调整 CH1 调流旋钮，合理设定 CH1 的限流点（过载保护）。（实际输出电流值则为 CH1 或 CH2 电流表头读数。）

（4）使用 CH1 电压控制旋钮调整所需的输出电压。（实际的输出电压值为 CH1 表头与 CH2 表头显示的电压之和。）

（5）假如只需单电源供应，则将导线一条接到 CH2 的负端，另一条接 CH1 的正端，而此两端可提供 2 倍的主控输出端（CH1 路）电压显示值，如图 3-30 所示。

（6）假如想得到一组共地的双极性正负电源，则按如图 3-31 的接法，将 CH2 输出负端（黑色端子）当作共地点，则 CH1 输出端正极对共地点，可得到正电压（CH1 表头显示值）及正电流（CH1 表头显示值），而 CH2 输出负极对共地点，则可得到与 CH1 输出电压值相同的负电压，即所谓追踪式串联电压。

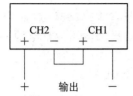

图 3-30　两路串联电源输出

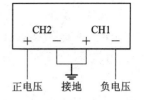

图 3-31　双极性正负电源输出

（7）连接负载后，打开 OUTPUT 开关，即可正常工作。

3. 并联跟踪模式

在并联跟踪模式下，CH1 输出端正极和负极会自动地和 CH2 输出端正极和负极两两相互连接在一起。其操作过程如下：

（1）打开电源，确认 OUTPUT 开关置于关断状态。

（2）将 TRACKING 的两个按钮都按下，设定为并联模式。

（3）在并联模式时，CH2 的输出值完全由 CH1 输出的电压和电流旋钮控制，并且跟踪于 CH1 输出电压，因此从 CH1 电压表或 CH2 电压表可读出输出电压值。

（4）因为在并联模式时，CH2 的输出电流完全由 CH1 的电流旋钮控制，并且跟踪于 CH1 输出电流，所以用 CH1 电流旋钮来设定并联输出的限流点（过载保护）。电源的实际输出电流为 CH1 和 CH2 两个电流表头指示值之和。

（5）使用 CH1 电压控制旋钮调整所需的输出电压。

（6）将负载的正极连接到电源的 CH1 输出端的正极（红色端子）。

（7）将负载的负极连接到电源的 CH1 输出端的负极（黑色端子），可参照图 3-32。

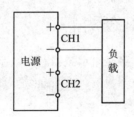

图 3-32　两路并联跟踪电源输出

（8）连接负载后，打开 OUTPUT 开关。

三、电源稳压/稳流的特性

该直流稳定电源的工作特性为稳压/稳流自动转换，即当输出电流达到预定值时，可自动将电源的稳压状态转变为稳流状态，反之亦然。而稳定电压和稳定电流交点称之为转换点。例如，有一负载使电源工作在稳定电压状态下，此时输出电压稳定在一额定电压点，若增加负载直到限流点的界限，在此点，输出电流成为一稳定电流，且输出电压将有微量下降，甚至有更多的电压下降。前面板的红色 C. C. 灯亮时，表示电源工作在稳流状态。同样的，当负载减小时，电压输出渐渐回复至一稳定电压，交越点将自动地将稳定电流转变为稳定电压状态，此时前面板上的绿色 C. V. 灯亮。

再如，当想为 12 V 的蓄电池充电时，应首先将电源输出预设在 13.8 V，亏电的蓄电池形同一个非常大的负载置于电源输出端上，此时电源将处于稳流源状态，然后调整电源调流旋钮，使蓄电池充电的额定电流为 1 A，此时电源的显示电压为蓄电池的电压，会渐渐升高。当蓄电池电压升高至 13.8 V 时，电压不会再升高，而电池充电电流就不会恒定在 1 A 额定电流，会逐渐下降，此时电源供应器将工作于稳压源状态。

从以上例子可看到电源稳流/稳压的交越特性，即当输出电压达到预定值时，就自动将稳定电流变为稳定电压。

3.5 示 波 器

一、示波器基础知识

1. 示波器的功能

示波器是一种测量电压和时间的电子测量仪器，可以在无干扰的情况下检查输入信号，并以图形方式采用简单的电压与时间格式显示这些信号。

2. 示波器的分类

示波器按性能一般可分为两大类：

1）模拟示波器

模拟示波器有如下特点：

(1) 操作直接。全部操作都在面板上进行，波形反应及时。

(2) 垂直分辨率高。连续而且无限级。

(3) 数据更新快。每秒捕捉几十万次波形。

2）数字存储示波器

与传统的模拟示波器相比，数字存储示波器利用数字电路和微处理器来增强对信号的处理能力、显示能力以及模拟示波器没有的存储能力。数字存储示波器的基本工作原理框图如图 3-33 所示。

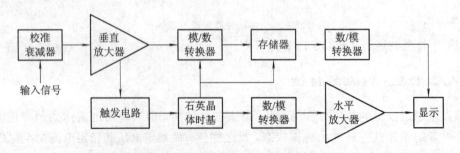

图 3-33 数字存储示波器的基本工作原理框图

当信号通过垂直输入衰减和放大器后，到达模/数转换器（ADC）。ADC 将模拟输入信号的电平转换成数字量，并将其放到存储器中。存储该值的速度由触发电路和石英晶振时基信号来决定。数字处理器可以在固定的时间间隔内进行离散信号的幅值采样。接下来，数字存储示波器的微处理器将存储的信号读出并同时对其进行数字信号处理,将处理过的信号送到数/模转换器(DAC),然后 DAC 的输出信号驱动垂直偏转放大器。DAC 也需要一个数字信号存储的时钟,并用此驱动水平偏转放大器。与模拟示波器类似,在垂直放大器和水平放大器两个信号的共同驱动下,完成待测波形的测量结果显示。数字存储示波器显示的是上一次触发后采集的存储在示波器内存中的波形,这种示波器不能实时显示波形信息。

二、数字示波器的使用

KEYSIGHT 2000X 是一种小型、轻便的四通道数字示波器,如图 3-34 所示,下面以它为例进行介绍。

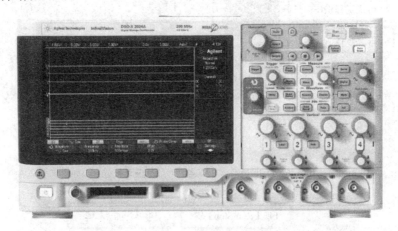

图 3-34 KEYSIGHT 2000X 数字示波器

1. 面板各功能键、旋钮、接口

图 3-35、图 3-36、图 3-37 所示为 KEYSIGHT 2000X 数字示波器面板上的各功能说明。

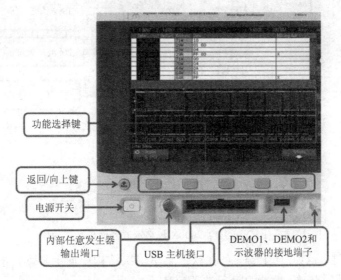

图 3-35 KEYSIGHT 2000X 数字示波器面板功能说明(1)

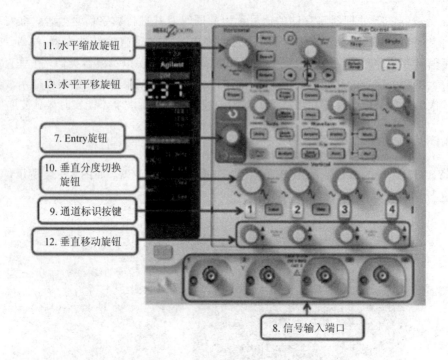

图 3-36 KEYSIGHT 2000X 数字示波器面板功能说明(2)

11. 水平缩放旋钮

13. 水平平移旋钮

7. Entry旋钮

10. 垂直分度切换旋钮

9. 通道标识按键

12. 垂直移动旋钮

8. 信号输入端口

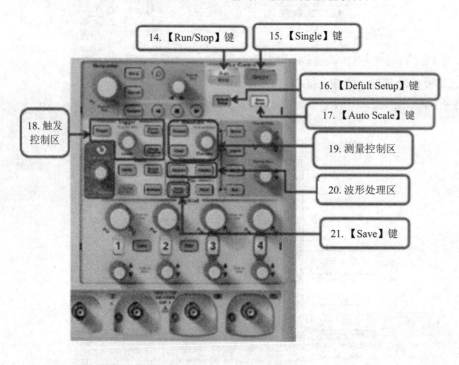

14.【Run/Stop】键

15.【Single】键

16.【Defult Setup】键

17.【Auto Scale】键

18. 触发控制区

19. 测量控制区

20. 波形处理区

21.【Save】键

图 3-37 KEYSIGHT 2000X 数字示波器面板功能说明(3)

（1）【Back】键：返回/向上键，可在软键菜单层次结构中向上移动。在层次结构顶部，返回/向上键将关闭菜单，改为显示示波器信息。

（2）USB 主机接口：用来存储数据、图片，便于后期实验报告的整理。

（3）功能选择键：在测试过程中，需要选择不同的测试功能时，按对应位置的按键便可以进行选择。

（4）Entry 旋钮：通过旋转该旋钮控制选项移动，按下则确定选择。注意，一旦 Entry 旋钮用于选择值，旋钮上方的弯曲箭头符号就会变亮。

（5）信号输入端口：通过探头或者 BNC 电缆将信号引入。

（6）通道标识按键：按下亮起，表示通道打开，屏幕上会看到对应颜色的迹线。

（7）垂直分度切换旋钮：该旋钮实现垂直分度（电压）缩放功能，按下可以实现粗调/细调切换。

（8）水平缩放旋钮：旋转该旋钮可实现水平时基的缩放，按下可实现粗调/细调切换。

（9）垂直移动旋钮：控制波形在屏幕上上下移动。

（10）水平平移旋钮：该旋钮实现波形水平平移。

（11）【Run/Stop】键：控制示波器运行和停止。

（12）【Single】键：单次运行键，按下以后，示波器满足触发条件之后，采集一次信号便停止运行。

（13）【Defult Setup】键：按一下，示波器恢复出厂设置。

（14）【Auto Scale】键：按一下，仪器自动将波形设置为最佳。

（15）触发控制区：

① 旋钮：用来调节触发电平。

②【Trigger】键：按下则可以选择触发类型。

③【Force Trigger】键：示波器强行触发捕捉现有信号。

④【Mode/Coupling】键：按下则可以用来设置触发模式、耦合方式、噪声抑制、高频抑制、释抑时间和外部探头衰减比例。

（16）测量控制区：

①【Cursors】键：光标按键，按下则可以使测量光标显示/消失。

②【Measure】键：测量按键，按下则可以调用示波器本身内置的测量模板。

（17）波形处理区：

①【Acquire】键：按下则可以选择示波器的采集模式。

②【Display】键：按下则可以更改示波器余辉和网格的显示。

（18）【Save】键：保存按键，按下则进行波形或者图片的保存，建议自带 U 盘保存图形，便于后期实验报告书写。

2. 示波器的基本操作步骤

1）准备工作

在实验开始之前，请检查仪器和电缆接头是否完好，然后将信号源通过 BNC(f)-BNC(f) 电缆将信号引入示波器中，如图 3-38 所示，同时设置信号源输出为正弦波，峰峰值为 2 V，频率为 1 kHz。

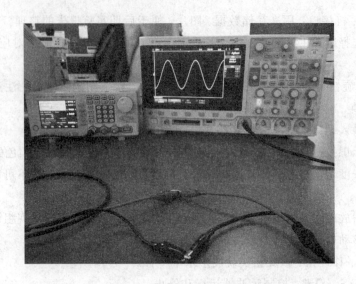

图 3 - 38　信号源与示波器信号连接图

　　按示波器面板上的【Help】键,在屏幕下方 Language 选项处按一下功能键,通过 Entry 旋钮选择中文简体,再按一下 Entry 旋钮确定,如图 3 - 39 所示。

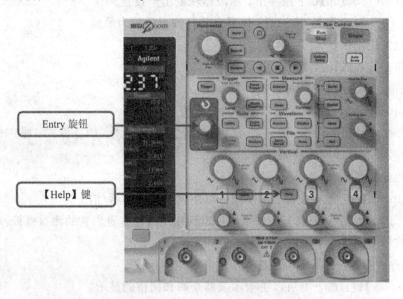

图 3 - 39　示波器语言设置

　　2) 调节示波器的衰减比

　　示波器开机时默认衰减比为 10∶1,根据我们实验中所使用的示波器探头,需要调节衰减比为 1∶1。操作时需要注意的是:Entry 旋钮是可以按下进行选择的,只有当功能菜单前面的旋转箭头图形符号变亮时,按下和旋转操作旋钮才有效,如图 3 - 40 和图 3 - 41 所示。

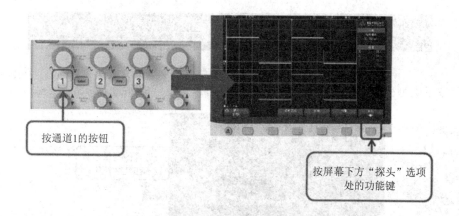

按通道1的按钮

按屏幕下方"探头"选项
处的功能键

图 3-40 示波器衰减比设置(1)

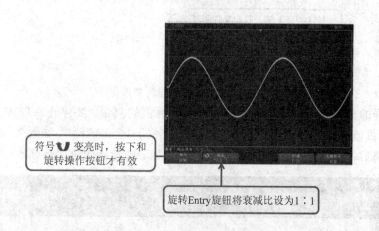

符号 ↺ 变亮时，按下和
旋转操作按钮才有效

旋转Entry旋钮将衰减比设为1∶1

图 3-41 示波器衰减比设置(2)

3）选择通道耦合方式

按下【Back】键返回上一层菜单后，设置通道耦合方式。可选择 DC 耦合或 AC 耦合，如果是 DC 耦合，信号的交流和直流分量都进入通道；如果是 AC 耦合，将会移除信号的 DC 分量，如图 3-42 所示。

通道耦合

图 3-42 示波器通道耦合方式

4）参数测量

在测量之前需要按下【Auto Scale】键，示波器会自动将扫描到的信号显示在屏幕上。示波器可自动测量也可使用游标进行手动测量。

（1）自动测量。

① 按下【Measure】（测量）键以显示"测量菜单"，如图 3-43 所示。

图 3-43　示波器测量菜单

② 按下类型软键，然后旋转 Entry 旋钮以选择要进行的测量，如图 3-44 所示。

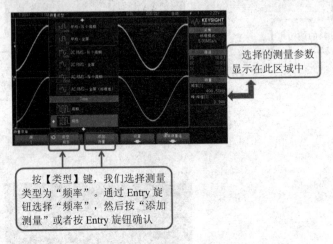

选择的测量参数显示在此区域中

按【类型】键，我们选择测量类型为"频率"。通过 Entry 旋钮选择"频率"，然后按"添加测量"或者按 Entry 旋钮确认

图 3-44　示波器测量类型选择

利用同样的方法我们可以快速完成周期和峰峰值的测量。要停止一项或多项测量，可按下【清除测量值】软键，选择要清除的测量项，或按下"全部清除"，如图 3-45 所示。清除了所有测量值后，如果再次按下【Measure】(测量)键，则默认测量项是频率和峰峰值。

图 3-45　清除测量值

(2) 全部快照功能。

全部快照在"类型"的最上部，选择之后会把所有的量显示出来，如图 3-46 所示。

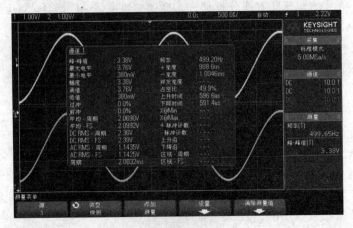

图 3-46　全部快照功能

（3）游标测量。

采用游标测量时，主要用到游标 Cursors 旋钮，如图 3-47 所示。

图 3-47　Cursors 旋钮

按下 Cursors 旋钮，屏幕上显示的迹线游标如图 3-48 所示。

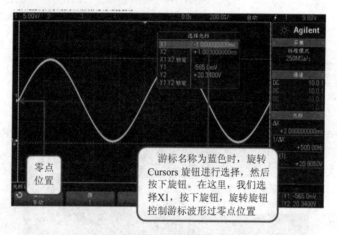

图 3-48　游标选择

屏幕游标光标区会自动显示出 X2-X1 的差值，并且会对 ΔX 取倒数，自动将周期换算到频率。利用同样的方法控制游标可以测量 Y1 与 Y2 的差值（图中 Y1 与 Y2 分别处于波峰和波谷的位置，因此 Y1 与 Y2 的差值为峰峰值），如图 3-49 所示。

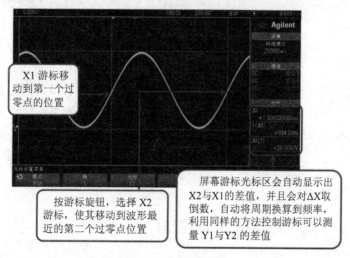

图 3-49　游标测量

5）波形稳定度调节

当输入信号较小、噪声较大时，波形不容易稳定，可进行如下调节：

（1）按下【Acquire】（采集）键，如图 3 - 50 所示。

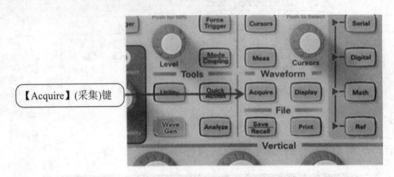

图 3 - 50 【Acquire】键

（2）按下【采集模式】软键，然后旋转 Entry 旋钮以选择"平均模式"。"平均模式"在所有时间/格设置下，对指定的触发数进行平均值计算。使用此模式可减小噪声，增大周期性信号的分辨率，如图 3 - 51 所示。

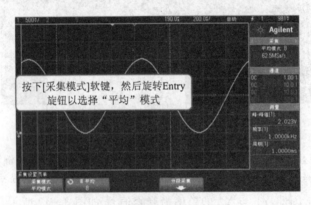

图 3 - 51 波形稳定度调节

3.6 频率特性测试仪

频率特性测试仪简称扫频仪。在电路测试中，常常需要测试频率响应特性。电路的频率特性体现了放大器的放大性能与输入信号频率之间的关系。频率特性测试仪是显示被测电路幅频、相频特性曲线的测量仪器。下面以 SA1000 数字频率特性测试仪为例简单介绍一下其使用方法。

一、主要性能参数

SA1000 数字频率特性测试仪的主要性能参数如下：

（1）中心频率：1～300 MHz。

（2）扫频频偏：最小频偏小于±0.5 MHz，最大频偏大于 7.5 MHz，均可连续调节，且扫频频偏在±0.5 MHz～7.5 MHz范围内连续调节时，中心频率跑动小于3 MHz。

（3）扫频信号寄生调幅系数：当频偏最大即大于±7.5 MHz时，调幅系数不大于7.5%。

（4）输出扫频信号的电压有效值大于0.1 V。

（5）频率标记信号分为1 MHz、10 MHz、50 MHz及外接四种。

（6）扫频信号的输出阻抗为75 Ω±20%。

（7）扫频信号的输出衰减器分为粗、细衰减两种，粗衰减有0 dB、1 dB、2 dB、3 dB、4 dB、5 dB、6 dB、7 dB、8 dB、9 dB、10 dB几种，为步进式调节。

二、SA1000数字频率特性测试仪电路构成及原理图

SA1000数字频率特性测试仪电路主要分为两部分，以MCU（微控制器）为核心的接口电路，主要完成控制命令的接收、特性曲线的显示、测试数据的输出等功能，以DSP（数字信号处理器）为核心的测试电路，主要完成扫频信号的产生、扫频信号输出幅度的控制、输入信号幅度的控制、特性参数的产生等功能。MCU将接收的控制命令传递给DSP，DDS（直接数字合成器）电路在DSP的控制下产生等幅扫频信号，经输出网络输出到被测网络，被测网络的响应信号通过输入网络处理后送检波电路，DSP将检波电路测得的数据处理后送MCU，显示电路在MCU的控制下显示特性曲线。图3-52为SA1000数字频率特性测试仪简化原理框图。

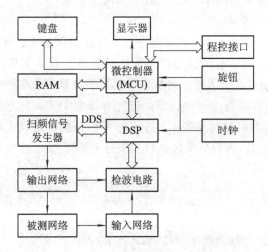

图3-52　SA1000数字频率特性测试仪简化原理框图

1. 直接数字合成器（DDS）工作原理

要产生一个电压信号，传统的模拟信号源是采用电子元器件以各种不同的方式组成振荡器，其频率精度和稳定度都不高，而且工艺复杂，分辨率低，频率设置和实现计算机程控也不方便。直接数字合成技术是最新发展起来的一种信号产生方法，它不同于直接采用振荡器产生波形信号的方式，而是以高精度频率源为基准，用数字合成的方法产生一连串带有波形信息的数据流，再经过数/模转换器产生出一个预先设定的模拟信号。

2. 微控制器（MCU）工作原理

微控制器通过接口电路控制键盘及显示部分，当有键按下的时候，微控制器识别出被

按键的编码，然后转去执行该键的命令程序。显示电路将仪器的工作状态、各种参数以及被测网络的特性曲线显示出来。面板上的旋钮可以用来改变光标指示位的数字，每旋转15°可以产生一个脉冲，微控制器能够判断出旋钮是逆时针旋转还是顺时针旋转，如果是逆时针旋转则使光标指示位的数字减一，如果是顺时针旋转则加一，并且连续进位或借位。

三、SA1000 数字频率特性测试仪面板及功能介绍

1. 控制面板

1）键盘

键盘共有 34 个按键，按功能分为四个区：数字区、功能区、菜单区、调节区。

（1）数字区：数字区包括【0】、【1】、【2】、【3】、【4】、【5】、【6】、【7】、【8】、【9】、【.】、【－/←】、【dB】、【MHz】、【kHz】、【Hz】共十六个按键，用来输入频率值或增益值。

（2）功能区：功能区包括【频率】、【增益】、【光标】、【显示】、【系统】、【校准】、【程控】、【存储】共八个功能按键，用于选择主菜单项。此外还有【单次】、【开始/停止】、【复位】三个功能按键，用于实现单键功能。

（3）菜单区：包括五个软键，在不同的主菜单下有不同的功能。软键在说明书中以斜体字加【】表示，如【单次】，以区别于其他按键。

（4）调节区：调节区只有两个按键，即【∧】和【∨】。

2）显示

显示屏分五个区，即主显示、菜单显示区、光标值显示区、频率增益显示区、状态显示区，如图 3 - 53 所示。主显示区显示被测网络的特性曲线，主显示区点阵为 250×200，横轴有 10 个大格，纵轴有 8 个大格。菜单显示区显示仪器当前所处工作状态。光标值显示区显示光标位置的频率和增益值或相位值，若光标未被打开，此显示区不显示任何信息。频率增益值显示区显示当前的始点频率、终点频率和每格增益值或每格相位值，当仪器校准后此区域还有校准标志。状态显示区在仪器处于存储功能、开始/停止功能和 S 参数测试时显示部分仪器工作状态。

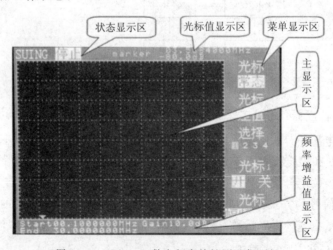

图 3 - 53　SA1000 数字频率特性测试仪面板

3）调节

调节采用数字编码器。

4）输入/输出

仪器前面板有三个输入/输出端口，分别是同步输出（SYNC）、扫频信号输出（OUT）、扫频信号输入（IN）。输入/输出采用 BNC 端子。

5）操作解释

（1）反亮显示：菜单在正常显示时为蓝底白字，反亮显示时为白底蓝字。若想反亮显示某一选项，则按此选项对应的菜单键。若此选项不能反亮显示，则表示此选项不能调整。

（2）选项的调整：当菜单中某一选项处于反亮显示时，表明此选项可以调整，调整方法有四种，即反复按压对应的子菜单键、调节手轮、按【∧】或【∨】键、用数字键输入数值。以上四种方法可能都有效，也可能只有一种方法有效，这将视菜单和调整选项的不同而不同。

（3）数值调节：频率值和增益值的调节有三种方法。① 用键盘输入，若想输入始点频率 23.89 MHz，则将始点频率值反亮显示后，顺序按下【2】、【3】、【.】、【8】、【9】、【MHz】六个按键；② 用调节手轮来步进调整，顺时针调节数值将增大，逆时针调节数值将减小，步进值为调节选项的最小有效数字。③ 按【∧】或【∨】键步进调节，按【∧】键数值将增大，按【∨】键数值将减小，步进值为调节选项的最小有效数字×10。

（4）菜单间的转换：菜单间的转换通过按键功能区的菜单选择键实现。

（5）特性曲线显示位置：在测试中，当频率特性测试仪输出信号较大时，会造成一些被测网络限幅失真等，因被测网络特性未知，所以不能从特性曲线上观测到，这就需要测试者仔细调整特性曲线在显示区中的位置。调整输出增益可以控制被测网络的输入电平范围，调整输入增益可以控制频率特性测试仪检波电路的输入电平范围。适当调整输入增益和输出增益，使特性曲线的顶部距显示区顶部有 10 dB 的差值比较合适。

2．功能菜单

1）频率菜单

频率菜单可以设置扫频方式、始点频率、终点频率、中心频率、扫频带宽五种参数。扫频方式有线性、对数、点频三种。

仪器开机默认菜单为频率菜单，或按功能区的【频率】键进入频率菜单，显示屏显示的频率菜单自上而下为【频率线性】、【始点】、【终点】、【中心】、【带宽】，默认值为线性扫描，始点频率（Fs）为 100 kHz，终点频率（Fe）为 30.00000 MHz，中心频率为（Fc）15.05000 MHz，扫频带宽（Fb）为 29.90000 MHz。当改变其中某一频率值时，仪器自动计算其他频率值并相应改变。如将始点频率改为 1 MHz，仪器自动将中心频率改为 15.50000 MHz，带宽值改为 29.00000 MHz。始点和终点的值可以任意更改（必须保证始点频率小于终点频率 250 Hz），中心和带宽值的更改受限于仪器的最小值和最大值，计算公式为

$$终点值\ Fe = 中心值\ Fc + \frac{带宽值\ Fb}{2}$$

$$始点值\ Fs = 中心值\ Fc - \frac{带宽值\ Fb}{2}$$

当改变中心值后，计算出的始点和终点值若超出仪器的最大或最小值，则自动计算在

此中心频率下允许的最大带宽值，同时计算出此时的始点值和终点值，当改变带宽值后，计算出的始点和终点值若超出仪器的最大或最小值，则视为非法输入，仪器将不接受此次输入。

按【频率线性】键，仪器进入对数扫描方式，对数扫描时可以设置始点频率、终点频率，中心频率和扫频带宽将被禁止。按【频率对数】键，仪器进入点频方式，这时只允许输入一个频率值，而不再区分始点频率、终点频率，因为当处于点频方式时仪器仅作为一台信号源，只能输出一个固定频率，不再具备频率特性测试仪的功能。当频率菜单处于点频方式时，光标菜单、校准菜单、存储菜单将被禁止。在测试网络幅频或相频特性时，若始点频率低于 5 kHz，则终点频率最大为 100 kHz。

2）增益菜单

增益菜单可以设置增益轴显示方式、输出增益、输入增益、扫描曲线的基准位置、每格增益值五种参数。

按【增益】键，仪器进入增益菜单，菜单自上而下为【增益对数】、【输出】、【输入】、【基准】、【增益 10.0 dB/div】。

（1）【增益对数】表示仪器增益轴是对数方式，反复按压此键，仪器的增益轴在对数和线性之间转换。

（2）【输出】表示仪器当前的输出增益值，默认值为 0 dB，调节步进值为 1 dB。

（3）【输入】表示仪器当前的输入增益值，默认值为 0 dB，调节步进值为 10 dB，如输入值不是 10 的整数倍将按四舍五入处理，若输入 -6 dB，仪器将衰减 10 dB；如输入 -22.3 dB，仪器将衰减 20 dB。用数字输入方式将输出增益和输入增益值设置为衰减时，应注意符号"$-$"的输入，否则仪器认为输入数值无效。

（4）【基准】用来调节幅频特性曲线在显示屏中的位置，相频特性曲线不会随基准的改变而改变。当增益轴设置为对数时，此值单位是 dB；当增益轴设置为线性时，此值单位是倍数。按【基准】键后，调节手轮或按【∧】或【∨】键，显示图形则相应移动，也可用数字键直接输入，按单位键【dB】确认。

（5）【增益 10.0 dB/div】表示主显示区每一大格代表 10 dB。调节手轮或按【˄】或【˅】键可以改变此值，也可以直接用数字输入，按单位键【dB】确认。显示曲线会在 Y 轴方向展开或压缩。改变此值，相频特性曲线不会有变化。当增益轴设置为线性时，此值表示主显示区每一大格代表的增益倍数，默认为 1.00/div，设置方法同上。

输出/输入增益总是对数显示方式，不会随增益轴的显示方式改变。

3）光标菜单

光标菜单可以设置光标的状态、打开的数量、光标的移动，并借此来准确测量特性曲线的频率、增益值或相位值。在精确测量时光标是必不可少的工具，请测试者务必清楚和掌握光标的使用方法。仪器可以同时显示四个不同颜色的光标，但只能显示一个光标的频率、增益值、相位值或 1 号光标和 2 号光标的差值，光标值显示区的颜色对应于当前光标的颜色，可以直观地读出当前光标的值。

常态表示当前光标处于独立状态。按功能区【光标】键进入光标菜单，此时在光标菜单中，"1"反亮显示，"开"反亮显示，光标值显示区显示 1 号光标的频率、增益值或相位值，主显示区在显示曲线上有一红色标记。反复按【选择】键，1、2、3、4 轮流反亮显示，表示当前选择的是第几号光标，同时"开"或"关"也会反亮显示，表示当前选择的光标打开或关闭，若"开"反亮显示时，则在光标值显示区显示当前光标的频率和增益值或相位值；若"关"反亮显示，则光标值显示区没有显示内容。例如：若想打开2号光标则按【选择】键，当2反亮显示时，按【光标2】键，当"开"反亮显示时表示2号光标已打开，当"关"反亮显示时，则2号光标被关闭。仪器的四个光标可以全部打开，在光标打开的状态下转动手轮或按【∧】、【∨】键，光标会随之移动，同时光标值显示区的频率、增益值或相位值会相应改变。

注意：

(1) 当调节增益基准时，显示区特性曲线会随之移动，但光标位置的频率、增益值、相位值不随之改变。

(2) 当改变输出/输入增益时，显示区幅频特性曲线会随之移动，光标位置的增益值会随之改变；当显示相频特性曲线时，显示区相频特性曲线不随之移动。

【差值】表示1号光标和2号光标处于差值状态，此时光标值显示区显示为两光标的频率和增益值或相位值之差，光标值显示区在marker后有一个小三角，表示当前为差值状态。转动手轮或按增大键、减小键，主显示区出现一个移动光标，频率值显示区显示移动光标与原位置光标的频率、增益值或相位值之差。

【幅频/相频】表示光标指向幅频曲线还是相频曲线。当"幅频"反亮显示时，光标指向幅频特性曲线，光标值显示区显示光标位置处的增益值；当"相频"反亮显示时，光标指向相频特性曲线，光标值显示区显示光标位置处的相位值。

4) 显示菜单

显示菜单可以设置显示区特性曲线的显示状态，显示区可以同时显示幅频特性曲线和相频特性曲线，也可以分别显示。按【显示】键进入显示菜单，反复按【幅频 开/关】键，当"开"反亮显示时，显示幅频特性曲线；当"关"反亮显示时，不显示幅频特性曲线。反复按【相频 开/关】键，当"开"反亮显示时，显示相频特性曲线，当"关"反亮显示时，不显示相频特性曲线。

【Language】键上显示系统当前的语言，反复按此键，系统在英文和中文之间转换。

5) 系统菜单

系统菜单可以设置系统的工作状态，按【系统】键进入系统菜单。

(1) 按【声音 开/关】键，当"开"反亮显示时，打开按键提示音；当"关"反亮显示时，关闭按键提示音。

(2) 按【输入阻抗 50 Ω/高阻】键，当"50Ω"反亮显示时，系统输入阻抗为50 Ω；当"高阻"反亮显示时，系统输入阻抗为高阻，阻抗约为500kΩ。

(3) 按【扫描时间】键，仪器进入扫描时间设置状态，调节手轮或按【∧】、【∨】键扫描时间倍数相应增大或减小，倍数越大扫描速度越慢，倍数越小扫描速度越快，开机默认值为2倍。当扫描始点频率和终点频率较低时请相应增大扫描时间倍数值。

(4) 按【S 测试】键，进入反射测量，可测量端口的阻抗匹配特性，仪器显示的是网络的回波损耗(RL)，可以根据回波损耗计算出反射系数(ρ)和驻波比(SWR)。

SA1XXX、SA1XXX A不具有S参数测试功能，SA1XXX C具有S参数测试功能。

计算公式如下：

$$SWR = \frac{1+\rho}{1-\rho}$$

$$RL = -20 \log(\rho)$$

$$\rho = 10^{RL/-20}$$

6）校准菜单

按【校准】键进入校准菜单，当仪器处于 S 参数测试时请将输出端连接的电缆或网络断开，当仪器未处于 S 参数测试时请将输出端用测试电缆连接，按【确定】键，仪器开始校准，校准大约需要 6 s 完成，在底部显示区显示红色校准标志"MEASR CAL"；按【取消】键，仪器退出校准菜单，同时恢复到未校准状态，擦除底部显示区的校准标志。

注意：

（1）校准仅针对当前频率范围。若改变频率范围或输入、输出增益，仪器自动将校准数据取消，仪器处于未校准状态。

（2）当精确测量时，建议先在未校准状态下，确定频率范围和增益值，观测到特性曲线后再校准。

（3）校准时，若始点频率低于 500 Hz，校准将不具有真实性。

7）程控菜单

按【程控】键进入程控菜单，可选择仪器程控接口种类和程控地址，详细功能请参阅 SA100 数字频率特性测试仪用户使用指南中"第四章 程控接口指南"。

8）存储菜单

仪器具有存储功能，可以存储两组数据。按【存储】键进入存储菜单，按【位置】键可以选择存储位置 A 或 B，按【存入】键可以将当前的设置、幅频特性曲线数据和相频特性曲线数据存入存储区 A 或 B。当前的设置包括频率菜单设置、增益菜单设置、显示菜单和输入阻抗设置，当存储数据时，在状态显示区显示"已存储"。按【调出】键可以将存储区 A 或 B 中的存储数据调出，将频率菜单、增益菜单、显示菜单按存储数据重新设置并显示出存储的特性曲线，当调出数据时，在状态显示区显示"已调出"。

9）单次功能

按【单次】键，仪器进入单次状态，状态显示区显示"单次"，仪器不再进行数据处理，此时按【频率】、【增益】、【校准】或【复位】键，仪器将退出单次状态；按其他键，仪器不退出单次状态。这时可以通过光标功能仔细观测特性曲线。

10）开始/停止功能

按【开始/停止】键，仪器进入停止状态，状态显示区显示"停止"，再次按【开始/停止】键，仪器退出停止状态，正常显示。当仪器进入停止状态后，按【复位】键以外的任何键都不会退出停止状态。

11）复位菜单

按【复位】键，仪器将复位到初始化状态。

12）外标频

外标频输入接口为可选件，信号由后面板输入。仪器内部有信号自动选择电路，当有外标频信号输入时，仪器自动选择外标频信号；当外标频信号去掉后，仪器选择内部信号。以上操作系统均自动完成，无需用户控制。

四、应用举例

1. 低通滤波器的测试

仪器开机默认菜单为频率菜单，或按功能区的【频率】键进入频率菜单，显示屏显示的频率菜单自上而下为【频率线性】、【始点】、【终点】、【中心】、【带宽】，当前为线性扫描，始点频率(Fs)为 0.1 MHz，终点频率(Fe)为 30.00000 MHz，中心频率(Fc)为 15.05000 MHz，扫频带宽(Fb)为 29.90000 MHz。将仪器的"输出"用测试电缆连接到被测低通滤波器的输入端，将仪器的"输入"用测试探头连接到被测低通滤波器的输出端，主显示区将显示一低通特性的曲线，调节输出增益值使特性曲线在零位基准光标值以下 10 dB。调节始点频率和终点频率，显示曲线将在 X 轴方向展开或压缩。

按下功能区【增益】键进入增益菜单，调整输出衰减和输入增益，主显示区显示曲线幅度会随之增大或变小。调整增益基准，主显示区显示曲线会向上或向下平移，幅度没有变化，若此时光标处于打开状态，则光标显示区的值不随曲线移动而变化。

按下功能区【光标】键进入光标菜单，转动手轮或按【∧】、【∨】键，显示曲线上的光标沿曲线移动，光标显示区显示当前光标位置的增益频率值；按下【光标差值】键，光标显示为差值状态，转动手轮或按【∧】、【∨】键将有一个光标随之移动，光标显示区显示这两个光标的差值。

2. LC 串联谐振电路的测试

本例介绍如何确定网络的增益。串联谐振电路如图 3 - 54 示，此电路的谐振频率约为 12.75 kHz。将仪器的"输出"连接到谐振电路的 INPUT 端，仪器的"输入"连接到谐振电路的 OUTPUT 端。设置中心频率为 12.75 kHz，带宽为 10 kHz，输出增益为 −30 dB，输入阻抗为高阻，打开光标，其余参数为开机默认参数。此时主显示区显示谐振电路的幅频曲线，打开相频曲线同时观察，可发现相频曲线与理论值有一定差别。将仪器校准后重新测试，可见与理论值相同的相频曲线。

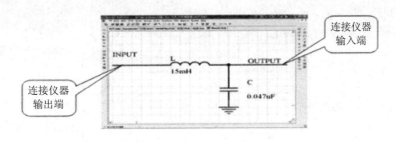

图 3 - 54 串联谐振电路图

确定网络增益的两种方法：

（1）取消校准，连接测试电路，将光标定位于谐振点，读取此时的增益值 gain1，将仪器输出/输入端短接，读出当前光标位置的增益值 gain2，谐振点的增益值 gain_a＝gain1－gain2。

（2）将仪器输出/输入端短接，按【校准】、【确定】键，仪器完成校准，连接测试电路，按【增益】、【基准】键，输入－30 dB，可观察到幅频、相频特性曲线，将光标移到谐振点，可读出谐振点的增益值 gain_b。

通过比较可以发现两种方法测得的增益值相同。

3. 网络的反射测量

仪器复位后，按功能区的【系统】键进入系统菜单，按【S 测试】键打开 S 测试功能，状态显示区显示 S 测试，断开仪器输出端口连接的网络，此时仪器输出开路全反射，理论上反射系数为 1，回波损耗为 0，驻波比为∞。按【校准】、【确定】键，仪器完成校准，显示回波损耗为 0，在输出端接入 50 Ω 电阻，此时负载匹配，理论上反射系数为 0，回波损耗为∞，驻波比为 1，仪器显示回波损耗为 −31 dB，可计算出反射系数为 0.0282，驻波比为 1.058。

第4章 元器件知识

4.1 电阻器

电子在物体内定向运动时会遇到阻力，这种阻力就称为电阻。在电工和电子技术中应用的具有这种电阻特性的实体元件就称为电阻器，用字母 R 表示，其基本单位是 Ω。

电阻器在电路中对电流起阻碍作用，主要用来控制电压和电流，即用作电路的负载或起分压、分流、限流、隔离、匹配和信号幅度调节等作用。

一、电阻器的分类

电阻器（简称电阻）按使用功能可分为固定电阻器、可变电阻器和特殊电阻器。固定电阻器的电阻是固定不变的；可变电阻器的阻值可在一定范围内调节，电位器是应用最广的可变电阻器；敏感电阻器属特殊电阻器，其阻值是随外界条件的变化而变化的，如热敏电阻器、光敏电阻器等。它们在电路图中的图形符号如图4-1所示。

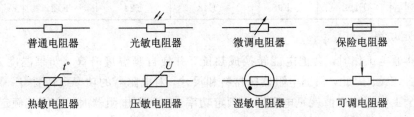

图 4-1 电阻器在电路图中的图形符号

电阻器按制造工艺和材料可分为合金型、薄膜型和合成型。薄膜型又分为碳膜、金属膜和金属氧化膜等。

二、电阻器的参数

电阻器的主要技术指标有标称阻值、允许误差、额定功率、最大工作电压、温度系数和噪声等。这些指标是选取和检测电阻器的重要参数。下面对其中主要的四个参数进行介绍。

1. 标称阻值

标称阻值是指标注在电阻体上的阻值。这是由国家 GB 2471-81 标准规定的系列阻值，不同精度等级的电阻器有不同的阻值系列，见表4-1。

表 4 - 1　电阻器的标称阻值系列

阻值系列	精度	精度等级	电阻器标称值
E24	±5%	I	1.0、1.1、1.2、1.3、1.5、1.6、1.8、2.0、2.2、2.4、2.7、3.0、3.3、3.6、3.9、4.3、4.7、5.1、5.6、6.2、6.8、7.5、8.2、9.1
E12	±10%	II	1.0、1.2、1.5、1.8、2.2、2.7、3.3、3.9、4.7、5.6、6.8、8.2
E6	±20%	III	1.0、2.2、3.3、4.7、6.8

注：实际使用时，将表 4 - 1 中所列标称数值乘以 10^n（n 为整数），如 E24 中的"1.1"，包括 1.1 Ω、11 Ω、110 Ω、1.1 kΩ、11 kΩ、110 kΩ、1.1 MΩ 等阻值系列。

标准系列除了有 E24、E12、E6 三个系列以外，还有三个精密系列 E192、E96、E48，这里就不再一一列出其相应的电阻标称值，有兴趣的读者可参看我国无线电行业标准 SJ619《精密电阻器标称阻值系列、精密电容器标准容量系列及其允许偏差系列》。

2. 允许误差

电阻器的允许误差是指实际阻值对于标称阻值的允许最大误差范围，它表示产品的精度。允许误差有两种表示方式，一种是用文字符号将允许误差直接标注在电阻器的表面（见表 4 - 2）；另一种是用色环表示，即色标法（色标法将在 4.1.3 节中进行详细介绍）。

表 4 - 2　电阻器允许的误差等级

允许误差	±0.5%	±1%	±2%	±5%	±10%	±20%
级别	005	01	02	I	II	III
标准系列	E192	E96	E48	E24	E12	E6

3. 额定功率

电阻器通电工作时，会把电能转换成热能，并使自身温度升高，如果温度升得过高，会将电阻器烧毁。因此，根据电阻器的材料和尺寸，对电阻器的功率损耗要有一定的限制，保证其安全工作的功率值就是电阻器的额定功率。在选用电阻器时，应使其额定功率高于电路实验要求的功率。表 4 - 3 为常用碳膜和金属膜电阻器外形尺寸和额定功率的关系。

表 4 - 3　碳膜和金属膜电阻器的外形尺寸和额定功率的关系

额定功率/W	碳膜电阻器		金属膜电阻器	
	长度/mm	直径/mm	长度/mm	直径/mm
1/16	8	2.5		
1/8	11	3.9	6~8	2~2.5
1/4	18.5	5.5	7~8.3	2.5~2.9
1/2	28.0	5.5	10.8	4.2
1	30.5	7.2	13.0	6.6
2	48.5	9.5	18.5	8.6

4. 最大工作电压

电阻器在不发生电击穿、放电等现象时，其两端能够承受的最高电压，称为最大工作

电压 U_m。由额定功率和标称阻值可计算出一个电阻的额定工作电压 U_p。因为电阻器的结构、材料、尺寸等因素决定了它的抗电强度，所以即使其工作电压小于 U_p，但若超过 U_m，电阻器也会被击穿，使阻值改变或损坏。

三、电阻器阻值的表示方法

额定功率较小的电阻器一般由其尺寸表示，但额定功率较大的，则一般将额定功率直接印在电阻器表面。电阻器的阻值及允许误差一般都标在电阻器上，其标注的方法有直标法、文字符号法和色标法三种。

1. 直标法

直标法就是用阿拉伯数字、单位符号和百分比符号直接在电阻器表面标出阻值和允许误差。如 4.7 k$\Omega\pm10\%$，910 $\Omega\pm5\%$。

2. 文字符号法

文字符号法的组合规律如下：

(1) 阻值：用符号 Ω、K、M 前面的数字表示阻值的整数位，后面的数字表示小数点后的小数位。这样，可以避免小数点被蹭掉而误读标记。

(2) 允许误差：用 J、K、M 分别表示 $\pm5\%$、$\pm10\%$、$\pm20\%$。例如，3Ω3K 表示 3.3Ω $\pm10\%$。

3. 色标法

对于尺寸较小、没法在表面直接标注文字或数字的电阻器，一般都采用色标法对其阻值和允许误差进行标注。色标注的电阻器表面有不同颜色的色环，每种颜色对应于一个数字；色环根据位置不同，可表示为有效数字、乘数或允许误差。各颜色所对应的数值见表 4 - 4。

表 4 - 4 色码对应数值表

颜　色	有效数字	乘　数	允许误差（$\pm\%$）
棕	1	10^1	1
红	2	10^2	2
橙	3	10^3	
黄	4	10^4	
绿	5	10^5	0.5
蓝	6	10^6	0.25
紫	7	10^7	0.1
灰	8	10^8	
白	9	10^9	
黑	0	10^0	
金		10^{-1}	5（仅用于 4 色环）
银		10^{-2}	10（仅用于 4 色环）
无色			20（仅用于 4 色环）

电阻器的国际色标分为四色环和五色环。普通精度（即标准系列 E6、E12、E24）电阻器用四色环标注法，精密型（即标准系列 E48、E96、E192）电阻器用五色环标注法。标注方式如图 4-2 所示，概括来讲，四色环其有效数字仅有两位，五色环则有三位，然后紧接着的就是乘数位，最后则是误差位。

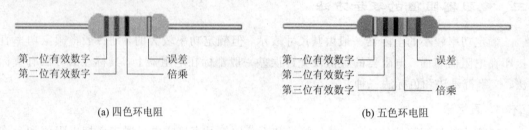

(a) 四色环电阻   (b) 五色环电阻

图 4-2　电阻器的色标标注方式

识别色环时，先确定误差环，误差环的间距比其他环间距要宽。确定误差环后，从另外一端第一道色环读起：第一道色环表示电阻值的第一位有效数字，第二道色环表示电阻值的第二位有效数字，第三道色环表示电阻值的第三位有效数字（四色环标法时则表示阻值乘数的 10^n），第四道色环表示阻值前三位有效数字所组成的三位数乘以 10^n（四色环标法时则表示电阻器的允许误差）。由表 4-4 不难发现，对于四色环来说，出现了金色、银色和无色色环的位置，必定是误差标注位所在。图 4-3 所示电阻的值是 4.7 kΩ，误差为 ±5%。注意：有些电阻由于工艺的问题，色环间距不明显，无法确定从哪端读起，此时也只有借助万用表测量其大小了。

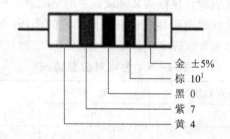

金 ±5%
棕 10^1
黑 0
紫 7
黄 4

图 4-3　电阻器的色标标注示例

四、几种特殊的电阻器

1. 电位器

电位器是一种连续可调的可变电阻器（可调电阻）。一般有三端：两个固定端、一个滑动端。电位器的标称值是两个固定端上的阻值，滑动端可在两个固定端之间的电阻体上滑动，使滑动端与固定端间的阻值相应地在标称值范围内变化。电路图中电位器用字母 R_P 表示，图形符号如图 4-1 所示。

电位器在电路中常用于电位调节、分压、增益调节、音量控制、晶体管静态工作点微调等。

2. 熔断电阻器

熔断电阻器又称为保险电阻，是一种具有电阻和保险丝双重功能的元件。熔断电阻器的底色大多为灰色，用色环或数字表示其阻值，额定功率则由电阻的尺寸大小所决定。在正常情况下使用时，熔断电阻具有普通电阻器的电气特性；一旦电路发生故障，流过它的电流过大时，保险丝电阻就会在规定的时间内熔断，从而起到保护其他重要元件的作用。其图形符号及外形如图 4 - 1 所示。

3. 电阻网络

电阻网络又称排电阻或集成电阻器。它是将按一定规律排列的分离电阻器集成在一起的组合型电阻器。电阻网络具有体积小、安装方便等优点，故被广泛应用于电子产品中，通常与大规模集成电路配合使用。其封装方式主要有单列式(SIP)和双列直插式(DIP)两种。

4. 敏感型电阻器

敏感型电阻器都是用特殊材料制造的，它们在常态下的阻值是固定的，当外界条件发生变化时，其阻值也随之发生变化。常见的有热敏电阻器和光敏电阻器，其图形符号如图 4 - 1 所示。

五、电阻器的选取

电阻器的选取应从电阻器的各技术指标进行考虑。

1. 阻值

所选电阻器的阻值应考虑电阻在电路中的作用，选择较接近其在电路中计算值的阻值，且应优先选用标准系列的电阻器。

2. 允许误差

对于一般晶体管的偏置电阻器、RC 时间常数电阻器，要求其阻值稳定、误差小，可选误差为 $\pm 5\% \sim \pm 10\%$（即 II、III 级）的电阻器；对用于负载、滤波、退耦、反馈的电阻器，对误差要求较低，可以选择误差为 $\pm 10\% \sim \pm 20\%$（即 I、II 级）的电阻器；对于仪表、仪器电路，应选用精密电阻器（即 01、02、005 级）。

3. 额定功率

电阻的额定功率应大于电阻在电路中所消耗的功率。通常情况下，为了保证长期使用的可靠性，所用电阻器的额定功率应比实际功率大 1.5～2 倍。

4. 最大工作电压

额定功率选定后，便可以根据公式 $U_m = \sqrt{P_m/R}$ 计算出电阻器在电路中的最大工作电压。

六、电阻器的检测

电阻器的检测一般采用以下方法：

1. 外观检查法

因为电阻器过流时会出现电阻器变色、烧焦或其他损坏的迹象，因此要检测电阻器好坏，可以先从其外观上进行判别。如发现电阻器发黑、发焦或变色，则可直接认定电阻器已坏。

2. 万用表检测法

用万用表检测电阻器时，先根据电阻器的阻值标称值，选择与标称值接近但略大于标称值的电阻挡量程。如果使用的是模拟万用表，每次换量程时必须对万用表重新调零。同时，要注意人体电阻（大约几百千欧至数兆欧）的影响，在测试电阻时手指不能接触电阻的引脚和表笔金属部位。若要精确检测电路上的电阻器，必须把电阻器的其中一端焊下，使其与电路断开，并且将整个电路断电，方可测量。假设用万用表测量的阻值为 R'，电阻器的标称值为 R，可对两者进行比较分析，以对电阻器好坏作出判断：

（1）$R' \approx R$，两者差值在误差允许范围以内，则电阻器是好的；如果差值超过误差允许范围，则表明不合格。

（2）R' 为无穷大，差值超过误差允许范围，则电阻器已断路。

（3）$R' = 0$，差值超过误差允许范围，则电阻器短路。

另外，检测电位器时，不仅要检测电位器两固定端间的阻值，还要测量电位器的滑动端与固定端间的阻值是否可调，才能断定电位器的好坏。

4.2 电 容 器

电容器简称电容，是一种能存储电荷或电场能量的元件。它是电路中常用的电子元器件之一，具有充、放电的特点，能够实现通交流、隔直流，因此，常用于隔直流、耦合、旁路、滤波、去耦、移相、谐振回路调谐、波形变换和能量转换等电路中。几种电容器的电路图形符号如图 4-4 所示。

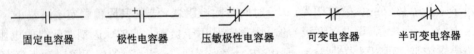

固定电容器　　极性电容器　　压敏极性电容器　　可变电容器　　半可变电容器

图 4-4　电容器的电路图形符号

电容器存储电荷的能力称为电容量 C，单位为 F（法拉）。在实际使用中，电容量的表示常用"微法（μF）"和"皮法（pF）"。它们的关系为：$1\ \mu F = 10^{12}\ pF$。

一、电容器的分类

电容器的种类繁多。若按结构来分，则电容器可分为固定电容器、可变电容器和半可变电容器，其在电路中的图形符号如图 4-4 所示。

电容的性能、外部结构和用途在很大程度上取决于其所用的电介质，因此按介质材料划分是常见的电容分类方法，大致可分为以下几类：

（1）有机介质：如纸介电容、塑料电容、有机薄膜电容。

（2）无机介质：如云母电容、玻璃釉电容、陶瓷电容。

（3）气体介质：空气电容、真空电容、充气电容。

（4）电解质：普通铝电解电容、钽电解电容、铌电解电容。

二、电容器的主要参数

1. 标称容量和精度

电容的标称容量采用的是 IEC 标准系列，同电阻一样，一般采用 E6、E12、E24 系列，E48、E96、E192 系列适用于精密电容。

2. 额定工作电压

额定工作电压是电容器在规定的工作温度范围内，长期、可靠地工作所能承受的最高电压。若工作电压超出额定工作电压值，电容器就会被击穿而损坏。电解电容器和体积较大的电容器的额定电压值直接标在电容器的外表面上，体积小的只能根据型号判断。

注意，电容器上标明的额定工作电压，一般都是指电容器的直流工作电压，当将电容器用在交流电路中时，则应使所加的交流电压的最大值(峰值)不能超过电容器上所标明的电压值。

3. 漏电流和绝缘电阻

电容器的介质并不是绝对绝缘的，在一定的温度及电压条件下，总会有些漏电产生电流，这个电流就是漏电流。一般电解电容的漏电流比较大，无极性电容的漏电流极小。

绝缘电阻是指电容器两极之间的电阻，或称漏电阻。绝缘电阻是直流电压 U 加于电容器上并产生漏电流 I 时的 U、I 之比。因此，绝缘电阻越小漏电流越大，反之，绝缘电阻越大漏电流越小。显然，电容器的绝缘电阻越大，它的性能越好。正常的绝缘电阻一般应在 $5\ \mathrm{G\Omega}$ 以上。

4. 电容温度系数

当温度变化时，电容器的容量也会随之出现微小的变化，电容器的这种特性常用温度系数来表征。温度系数是指一定温度范围内，温度每变化 $1\,℃$ 时，电容量的相对变化量。

电容器的温度系数主要与其结构和介质材料的温度系数等因素有关。通常，电容器的温度系数值越大，电容量随温度的变化值也越大。反之，温度系数越小，则电容量随温度的变化值越小。显然，温度系数数值越小，电容器的质量越好。

5. 电容的损耗

电容在电路运行过程中能量的损失称为电容的损耗，其主要来源于介质损耗和金属损耗。介质损耗是指漏电流引起的电导损耗、介质极化引起的极化损耗和电离损耗等；金属损耗是指金属的极板自身电阻、金属极板和引线端的接触电阻所引起的损耗。

通常用损耗角的正切值(tanδ)来衡量电容的损耗，tanδ 越小越好。一般只对高要求的精密电路的 tanδ 才做要求，一般电路中可对该参数不做考虑。

6. 频率特性

频率特性是指电容工作在交流电路中时，其电容量等参数随频率变化而变化的特性。电容最高工作频率一般跟电容的介质材料有关。常用的电解电容，容量较大，但工作频率较低，只能在低频电路中使用；云母电容或瓷介质电容，容量较小，但工作频率较高(云母电容为 $75\sim250\ \mathrm{MHz}$，瓷介质电容最高可达 $8000\sim10000\ \mathrm{MHz}$，最低也能达到 $50\sim70\ \mathrm{MHz}$)，则可用于高频电路中。

电容器除了以上 6 个主要参数外，还有一些其他参数，因使用较少，故不再进行介绍。

三、电容器容量的表示方法

电容器容量的表示方法很多，总的可以归纳成三类：直接标法、色环标法、色点标法。色环标法跟电阻的色环标法相似，色点标法使用较少，故主要对广泛使用的直接标法进行介绍。

直接标法比较简单，多用于体积稍大的电容（对于电解电容还会标明极性，一般是引脚长的为正，外皮上标有"－"的为负极）。

1. 数字和字母表示法

用数字表示有效值，用 p、n、μ、m、M、G 等字母表示量级。标注数值时不用小数点，整数部分在字母前，小数部分在字母后。如 3p3 表示 3.3 pF，4n7 表示 4.7 nF＝4700 pF，2m2 表示 2.2 mF＝2200 μF，M1 表示 0.1 μF，1 G 表示 1000 μF。

2. 数字表示法

只用数字来表示电容值。有时用大于 1 的数字表示，则数字后面带上单位"pF"，如 33、6800 分别表示 33 pF、6800 pF；用小于 1 的数字表示，则是用"μF"作单位，如 0.47、0.22，表示 0.47 μF、0.22 μF。

3. 三位数码表示法

只用三位数码表示电容值，前两位是有效数字，后一位表示有效数字应乘以 10^n，单位为"pF"，如 220 表示 22×10^0，101 表示 100 pF。在这种表示法中有几种情况：

（1）三位数后面如果有字母，则表示误差，D 为 $\pm0.5\%$，F 为 $\pm1\%$，G 为 $\pm2\%$，J 为 $\pm5\%$，K 为 10%，M 为 $\pm20\%$。

（2）如果第三位数字为 9，则表示的是 10^{-1}，这种表示法仅限于表示 1～9.9 pF 的电容。

图 4－5 所示为电容识别示例。103（10×10^3）表示 1000 pF，229（22×10^{-1}）表示 2.2 pF，152（15×10^2）表示 1500 pF（M 为 20%误差，耐压 50 V），电容的两个引脚，其中短脚为负。

图 4-5　电容识别示例

4. 色环表示法

顺着电容的引线方向，第一、二环表示有效数字，第三环表示倍乘 10^n，第四环表示误差（也可能无色），表 4-5 中是电容色环对应数值。

表 4-5　电容色环对应数值表

颜色	有效数字	乘数	允许误差	工作电压
银	—	10^{-2}	±10	—
金	—	10^{-1}	±5	—
黑	0	10^0	—	4
棕	1	10^1	±1	6.3
红	2	10^2	±2	10
橙	3	10^3	—	16
黄	4	10^4	—	25
绿	5	10^5	±0.5	32
蓝	6	10^6	±0.2	40
紫	7	10^7	±0.1	50
灰	8	10^8	—	63
白	9	10^9	+50 -20	—
无色	—	—	±20	—
举例	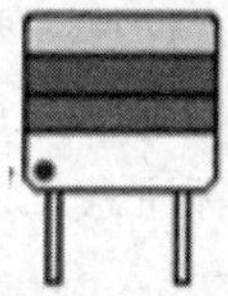 引线方向 黄紫橙 47×10^3 pF＝0.047 μF	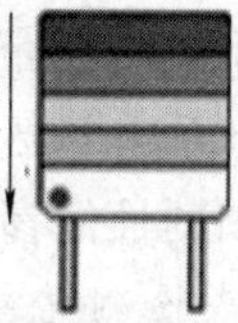	引线方向 棕绿黄银 15×10^4 pF±10% μF	

四、电容器的选取

电容器的种类繁多，应根据电路的需要，考虑以下因素合理选择：

1. 介质

电容器的介质不同，性能差异很大，选用时应充分考虑电容器在电路中的用途和实际电路要求。一般电源滤波、低频耦合、去耦、旁路等电路，可选用电解电容；高频电路应选用云母或高频瓷介质电容器。

2. 容量

因为不同精度、容量的电容器的价格相差较大，所以对于精度要求不高的电路，如用于旁路、去耦和低频耦合电路的电容器，可以选用容量与实际需要相近或容量较大些的电容器；在精度要求高的电路中，应按实际计算值选用。确定电容器的容量时，要根据标称系列来选择。

3. 电容器的额定工作电压

电容器的额定工作电压应大于电容两端的直流工作电压加上交流电压的峰值。一般为了确保电容在连续使用中的可靠性、稳定性，会选择额定工作电压比实际工作电压高出

30%～40%的电容器，对于实际工作电压稳定性较差的电路，可酌情选用额定工作电压更大的电容器。

注意：在装接有极性的电解电容时，应注意其正、负极不可接反。如果接反，当电压较大且时间较长时，电解电容的氧化层将裂解，电解质显著发热，导致形成气体而可能引起爆炸。

五、电容器的检测

电容器在电路中是比较容易发生故障的电子元器件，且其故障的形式很多，如击穿、漏电、容量变值等。因此，有效地对电容进行检测是至关重要的。

1. 外观检测法

对在电路中使用的电容，检测的第一步应当是观察其外观是否有异常。电容最常出现的故障是被击穿，电容被击穿后通常会出现裂缝；其次易出现的故障则是漏电，漏电就会引起元件的温度升高，若温度升到 80℃，电容的外包装会有烧焦的迹象，且有烫手不可触及的感觉。

2. 万用表检测法

现在，有的数字万用表有电容挡，可以直接测量电容器的容量，实验者可以对照相应的万用表使用说明书进行测量，非常方便。这里主要介绍使用万用表的电阻挡对电容器进行检测的方法，这个方法主要是通过检测电容的充放电性能，以此来判断电容的好坏，而不能得到电容器详细的性能参数，请实验者注意。

1) 用模拟万用表检测电容好坏

把万用表打到"R×10k"电阻挡，然后用表笔碰触电容器的两个引脚，表上指针应该向电阻刻度"0"方向摆动一下，再回到"∞"位置，则说明电容器是好的（如果电容容量较小，则这个过程较快，请留意观察）。如果没有观察到此现象，则可以将表笔交换一下位置，再观察一次：

（1）指针向"0"方向摆动一下，回到"∞"，则电容是好的。

（2）如果指针一直在"0"刻度附近，则电容已被击穿。

（3）指针摆到某一刻度，不再回到"∞"，则电容有漏电现象。

（4）指针不摆动，反复调换表笔测量均不摆动，说明电容已经损坏。

在用模拟万用表检测电容器时，应注意以下几点：

（1）0.01 μF 以下的电容器，由于容量太小，观察不到指针摆动，只能用万用表定性地检查其是否有漏电、击穿短路等现象。

（2）检测电解电容器，要根据容量大小改变万用表电阻挡的量程：1～2.2 μF 的电解电容用"R×10k"挡；4.7～22 μF 的电解电容用"R×1k"挡；47～220 μF 的电解电容用"R×100k"挡；470～4700 μF 的电解电容用"R×10k"挡；4700 μF 以上容值的，用"R×1k"挡。

2) 用数字万用表检测电容好坏

数字万用表检测电容好坏的方法较为简单，选择量程最大的电阻挡，用表笔接触电容器的两个引脚，观察显示屏上电阻值的变化，如果阻值逐渐变大，直至超出量程，则说明电容是好的。

4.3 电 感 器

将绝缘的导线绕成一定圈数以加强电磁感应的线圈，就成为电感器，简称电感。在电路中用字母 L 表示，电路符号如图 4-6 所示。电感量的单位为"亨利"，简称"亨"，用 H 表示，它是电感通过电流产生的总磁通量 Φ 与此时电流 I 的比值。

空心电感　　　磁芯电感　　　磁芯可调电感

图 4-6　电感的电路符号

由于电压频率越高，线圈阻抗就越大，所以电感具有通直流、阻交流的特点，可用作调谐电感、滤波电感、阻流电感、陷波电感、高频补偿电感、阻抗匹配电感、延迟线圈等。图 4-7 所示是部分电感的实物图。

空心电感　　　磁芯固定电感　　　磁芯可调电感　　　贴片电感

色环电感

图 4-7　电感实物图

一、电感器的分类

电感按形式可以分为固定电感、可变电感。按导磁材料可以分成空心线圈、铁氧化心线圈、铁芯线圈、铜芯线圈。若按工作性质分类，则电感有天线线圈、振荡线圈、阻流圈（扼流圈）、滤波线圈，天线线圈和振荡线圈一般用于高频电路，扼流圈和滤波线圈则用于低频电路。

二、电感器的主要参数

1. 标称电感值和允许误差

国产 LG 型固定电感的标称值和误差登记，均采用与电阻、电容一样的 E 系列标准。不在标准系列内的电感，则可以根据实际设计需要自行绕制。一般的，绕制线圈的直径越大、绕的圈数越多，则电感越大；有磁芯线圈比无磁芯线圈的电感量要大很多。

2. 品质因数

品质因数 Q 是衡量电感质量的一个参数。由有电阻的导线绕制的电感存在电阻的一些特性，导致电能的消耗。品质因数就是电感在某一频率的交流电压下工作时，所呈现的感抗与其等效损耗电阻之比。电感的 Q 值越高，其损耗就越小，效率则越高。

3. 额定电流

额定电流是在一定的工作条件下，允许流过电感的最大工作电流。

4. 分布电容

线圈的匝与匝之间、线圈与磁芯之间存在着电容，即分布电容。分布电容的存在会使电感的 Q 值降低，稳定性变差，特别是在高频电路中，对电路的影响很大，因而电感的分布电容越小越好。

三、电感器电感大小的表示方法

电感大小的标注一般有两种：直标法、数字标法和色环标法。其读法和电阻的一样，不过其单位为微亨(μH)，这里就不再叙述。

对于某些无法确定大小的电感，可以采用专门的电感测量仪器来测量。如果没有测量仪器，可以利用"正弦电路"的实验方法进行测量，最后计算出电感大小。

电感的型号命名及含义如表 4-6 所示。

表 4-6　电感的型号命名及含义

第一部分：主称		第二部分：电感量			第三部分：误差范围	
字母	含义	数字与字母	数字	含义	字母	含义
L 或 PL	电感线圈	2R2	2.2	2.2 μH	J	±5%
		100	10	10 μH	K	±10%
		101	100	100 μH		
		102	1000	1 mH	M	±20%
		103	10000	10 mH		

四、电感器的选用

选用电感时，通常要考虑以下几个因素：

1. 应用电路频率

对于 2 MHz 以下频率的电路，一般选用多股绝缘线绕制的电感线圈，以减小 Q 值；对于 2 MHz 以上频率的电路，应选用单根导线制成的电感线圈。

2. 对品质因数的要求

电感的损耗与线圈骨架的材料、磁芯有关。需要 Q 值较大的电路，一般应选用高频瓷作骨架的磁芯线圈。

3. 电感量的选用

要根据设计选择相应电感量的电感及额定电流，如在标准系列中没有符合要求的电感，可以自行绕制，绕制方法及指标详见《通用电子元器件的选用与检测》。

五、电感器的检测

对电感的检测，主要是检测电感量以及电感是否开路与短路。一般的万用表无法检测电感量，只有使用具有电感测量功能的专用万用表才能实现。但是电感的好坏，可以使用一般的万用表进行检测，用万用表的电阻挡检查电感的电阻值，正常时应有一定的电阻值，且阻值与电感器绕组的匝数成正比；如果测得的电阻值为"0"，则说明电感内部短路；如测得的值为"∞"，说明电感已经开路。

4.4 晶体二极管

一、晶体二极管的结构与特性

1. 晶体二极管的结构

图 4-8 所示为晶体二极管的构造和在电路中的符号。晶体二极管在电路中的符号为 VD。晶体二极管是利用 P 型和 N 型半导体构成 PN 结，加上两根电极引线作成管芯，并用管壳封装而成的。P 型区的引出线称为正极或阳极，N 型区的引出线称为负极或阴极。所谓半导体材料就是锗(Ge)和硅(Si)，因此有锗二极管和硅二极管。

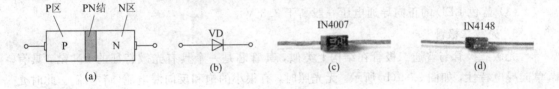

图 4-8 二极管的结构、电路符号和实物图

2. 晶体二极管的特性

晶体二极管最主要的特性就是单向导电特性。

（1）正向特性：当二极管的正极接电源电压的正极、负极接电压的负极时，二极管导通，导通电流随着电压的变化而变化。电压很低时，电流很小，二极管呈现出较大的电阻；当正向电压增加到一定数值时，二极管电阻变小，电流随着电压的增加而快速上升，此时的电压叫做正向导通电压。锗二极管的导通电压为 0.2~0.3 V，硅二极管的导通电压为 0.6~0.7 V。

（2）反向特性：二极管加反向电压时截止，反向电流小，且不随反向电压的增加而变大，这个电流就是反向饱和电流。若继续加大反向电压的绝对值，达到一定数值，反向电流会突然急剧增大，发生反向击穿现象，这时的电压称为反向击穿电压。对于一般的二极管，反向击穿易烧毁管子；但对于稳压二极管，它利用的正是反向击穿特性（即工作在反向击穿状态）。

二、晶体二极管的类型

晶体二极管按用途可以分为以下几种类型：

1. 整流二极管

整流二极管是一种将交流电变成直流电的硅二极管。它具有击穿电压高、反向漏电流小、散热性能好等特点。其工作频率一般在几十千赫兹。

2. 检波二极管

该二极管主要用来从已调波的高频信号中解调出调制信号，一般为锗二极管，具有结电容小、反向电流小的特点。

3. 稳压二极管

稳压二极管又叫齐纳二极管，它利用的是二极管反向击穿时，两端电压能固定在某一电压值上，不随电流的大小而发生变化的特性，即利用二极管的反向特性。因为稳压二极管反向击穿时，呈低阻状态，此时需要串联一个限流电阻来限制击穿后的电流大小，以免烧毁二极管。此类二极管通常用于稳压要求不高的场合。

4. 发光二极管

发光二极管（LED）是一种把电能转变成光能的半导体器件，如图 4-9(a)图。它与普通二极管基本一样，只是在正向电压达到一定值时，二极管就会发光。LED 的正向导通电压与其颜色有关（颜色根据所用材料不同而不同）：

(1) 普通绿色、黄色、红色、橙色 LED 的正向导通电压在 2 V 左右。

(2) 白色 LED 的正向导通电压一般高于 2.4 V。

(3) 蓝色 LED 的正向导通电压一般高于 3.3 V。

5. 光敏二极管

光敏二极管与普通二极管在结构上类似，其管芯是一个具有光敏特征的 PN 结，具有单向导电特性，如图 3-9(b)所示。无光照时，有很小的饱和反向漏电流（暗电流），此时光敏二极管截止。当受到光照时，饱和反向漏电流大大增加，形成光电流，它随入射光强度的变化而变化，因此可以利用光照强弱来改变电路中的电流。光敏二极管工作时应当加反向电压。

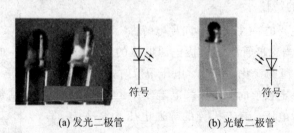

(a) 发光二极管　　　　(b) 光敏二极管

图 4-9　发光二极管和光敏二极管

6. 变容二极管

利用半导体 PN 结电容随外加反向电压的变化而制成的二极管称为变容二极管，其一般工作在反向偏压下，在高频调谐、通信等电路中用作可变电容器。

三、常用二极管的检测方法

1. 普通二极管的检测

普通二极管包括检波二极管、整流二极管、阻尼二极管、开关二极管、续流二极管等。

二极管是由一个 PN 结构成的半导体器件，具有单向导电特性。通过万用表检测其正、反向电阻值，可以判别出二极管的电极，还可估测出二极管是否损坏（下面以模拟万用表的测量为例，数字万用表的测量可以参见仪器使用部分）。

1）极性的判别

将万用表置于 R×100 挡或 R×1k 挡，两表笔分别接二极管的两个电极，测出一个结果后，对调两表笔，再测出一个结果。两次测量的结果中，有一次测量出的阻值较大（为反向电阻），一次测量出的阻值较小（为正向电阻）。在阻值较小的一次测量中，黑表笔接的是二极管的正极，红表笔接的是二极管的负极。

2）单向导电性能的检测及好坏的判断

通常，锗材料二极管的正向电阻值为 1 kΩ 左右，反向电阻值为 300 kΩ 左右。硅材料二极管的电阻值为 5 kΩ 左右，反向电阻值为∞（无穷大）。正向电阻值越小越好，反向电阻值越大越好。正、反向电阻值相差越悬殊，说明二极管的单向导电特性越好。若测得二极管的正、反向电阻值均接近 0 或阻值较小，则说明该二极管内部已击穿短路或漏电损坏。若测得二极管的正、反向电阻值均为无穷大，则说明该二极管已开路损坏。

3）二极管正向压降的检测

一般是以二极管通过 1 mA 电流时二极管的压降为基准，测量图如图 4-10 所示。现在的许多数字万用表的二极管挡就是直接测量正向压降的。

4）反向击穿电压的检测

二极管反向击穿电压（耐压值）可以用晶体管直流参数测试表测量。其方法是：测量二极管时，应将测试表的"NPN/PNP"选择键设置为 NPN 状态，再将被测二极管的正极接测试表的"C"插孔，负极插入测试表的"e"插孔，然后按下"V(BR)"键，测试表即可指示出二极管的反向击穿电压值。也可用兆欧表和万用表来测量二极管的反向击穿电压，测量时被测二极管的负极与兆欧表的正极相接，将二极管的正极与兆欧表的负极相连，同时用万用表（置于合适的直流电压挡）监测二极管两端的电压。如图 4-11 所示，摇动兆欧表手柄（应由慢逐渐加快），待二极管两端电压稳定而不再上升时，此电压值即二极管的反向击穿电压。

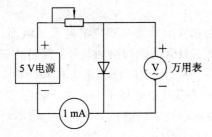

图 4-10　二极管正向压降测量

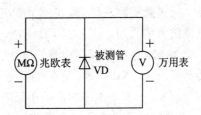

图 4-11　测二极管的反向击穿电压

2. 稳压二极管的检测

1) 正、负电极的判别

从外形上看，金属封装稳压二极管管体的正极一端为平面形，负极一端为半圆面形。塑封稳压二极管管体上印有彩色标记的一端为负极，另一端为正极。对标志不清楚的稳压二极管，也可以用万用表判别其极性，测量的方法与普通二极管相同，即用万用表 R×1k 挡，将两表笔分别接稳压二极管的两个电极，测出一个结果后，再对调两表笔进行测量。在两次测量结果中，阻值较小的那一次，黑表笔接的是稳压二极管的正极，红表笔接的是稳压二极管的负极。若测得稳压二极管的正、反向电阻均很小或均为无穷大，则说明该二极管已击穿或开路损坏。

2) 稳压值的测量

采用 0～30 V 连续可调直流电源，对于 13 V 以下的稳压二极管，可将稳压电源的输出电压调至 15 V，将电源正极串接 1 只 1.5 kΩ 限流电阻后与被测稳压二极管的负极相连接，电源负极与稳压二极管的正极相接，再用万用表测量稳压二极管两端的电压值，所测的读数即稳压二极管的稳压值。若稳压二极管的稳压值高于 15 V，则应将稳压电源调至 20 V 以上；若稳压二极管的稳压值忽高忽低，则说明该二极管的性能不稳定。图 4-12 是稳压二极管稳压值的测量方法。

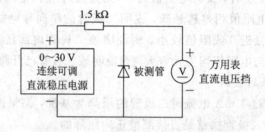

图 4-12　稳压二极管稳压值的测量方法

4.5　晶体三极管

一、晶体三极管的结构与特性

1. 晶体三极管的结构

晶体三极管简称三极管，它是由两个作在一起的 PN 结连接相应的电极封装而成的，具有电流放大的作用。图 4-13 是 NPN 和 PNP 型三极管的结构图和符号。常用的三极管有 90×× 系列，包括低频小功率硅管 9013（NPN）、9012（PNP），低噪声管 9014（NPN），高频小功率管 9018（NPN）等。它们的型号一般都标在塑壳上，而样子都一样，都是 TO-92 标准封装（图 4-14）。国内的产品中还有 3DG6（高频小功率硅管）、3AX31（低频小功率锗管）等，它们的型号也都印在金属的外壳上（图 4-15）。

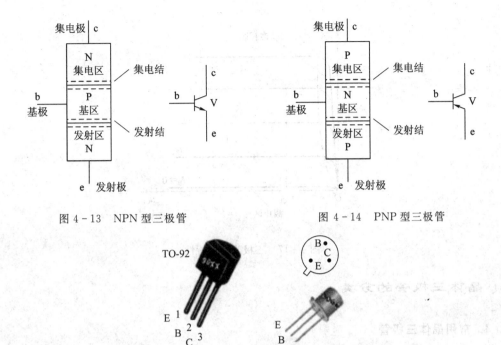

图 4 - 13　NPN 型三极管　　　　　　　图 4 - 14　PNP 型三极管

图 4 - 15　90××系列和 3DG6 引脚识别

2. 三极管的特性

1）输入特性

当 $U_{ce}=0$ 时，输入特性和二极管相同；当 $U_{ce}>1$ V 时，输入特性曲线基本不变，如图 4 - 16 所示。

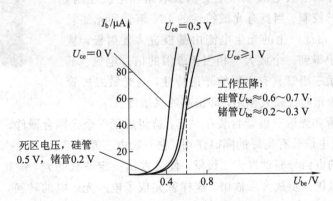

图 4 - 16　三极管输入特性

2）输出特性

三极管的输出特性可分为三个区，即饱和区、放大区和截止区，如图 4 - 17 所示。三极管作为放大器的时候工作在放大区；作为开关器件的时候，工作在饱和区和截止区（数字电路中用得最多）。

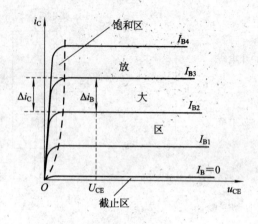

图 4 - 17　三极管输出特性

二、晶体三极管的分类

1. 常用晶体三极管

常用的晶体三极管按照不同的方法有很多种分类。按照材料可分为硅管和锗管；按照功率可以分为小功率管、中功率管和大功率管；按照频率可分为低频管、高频管和开关管；按封装形式则有金属封装和塑料封装。

2. 特殊晶体三极管

除了常见晶体三极管以外，还有一些特殊晶体三极管，如光敏三极管，实物图和符号如图 4 - 18 所示。光敏三极管和普通三极管相似，也有电流放大作用，只是它的集电极电流不只是受基极电路和电流控制，同时也受光辐射的控制。当具有光敏特性的 PN 结受到光辐射时，形成光电流，由此产生的光生电流由基极进入发射极，从而在集电极回路中得到一个放大了相当于 β 倍的信号电流。不同材料制成的光敏三极管具有不同的光谱特性，与光敏二极管相比，具有很大的光电流放大作用，即很高的灵敏度。

图 4 - 18　光敏三极管

将发光二极管和光敏三极管封装在一起，就组成了一个光耦合器件，如图 4 - 19(a)所示，对输入、输出电信号有良好的隔离作用。它一般由三部分组成：光的发射、光的接收及信号放大。输入的电信号驱动发光二极管，使之发出一定波长的光，被光探测器接收而产生光电流，在经过进一步放大后输出。这样就完成了电—光—电的转换，从而起到输入输出隔离的作用(如图 4 - 19(b)所示)。

由于光耦合器输入输出间相互隔离，电信号传输具有单向性等特点，因而具有良好的电绝缘能力和抗干扰能力。又由于光耦合器的输入端属于电流型工作的低阻元件，因而具有很强的抗交流干扰性能。光耦合器多用于电位隔离、电平匹配、抗干扰电路、逻辑电路、模/数转换、长线传输、过流保护及高压控制等方面。

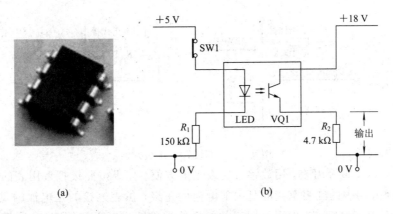

(a)   (b)

图 4-19　光耦合器件

三、三极管的检测方法

1. 管型

三极管管型的判别有两种方法：一种是看标识；另一种采用万用表进行判别。

（1）看标识：一般，管型是 NPN 型还是 PNP 型，应从管壳上标注的型号来辨别。依照部颁标准，三极管型号的第二位（字母），A、C 表示 PNP 型管，B、D 表示 NPN 型管，例如，3AX 为 PNP 型低频小功率管，3BX 为 NPN 型低频小功率管。此外还有国际流行的 9011～9018 系列高频小功率管，除 9012 和 9015 为 PNP 型管外，其余均为 NPN 型管。

（2）万用表判别：由于三极管有两个 PN 结，用测量二极管的方法，依次测量每两个引脚，判断出两个 PN 结的方向，就可以根据图 4-20 确定管型。

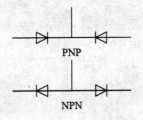

图 4-20　三极管结构图

2. 引脚

（1）基极的判别：图 4-20 是三极管的等效图，可以根据它寻找基极。对于 NPN 型管，用黑表笔接假定的基极，用红表笔分别接另外两极，若测得的电阻都小（约为几百欧～几千欧），而将黑、红两表笔对调，测得的电阻均较大（在几百千欧以上），此时黑表笔接的就是基极。对于 PNP 型管，情况正相反，测量时两个 PN 结都正偏的情况下，红表笔接的是基极。

（2）集电极和发射极的判别：确定基极后，假设余下引脚之一为集电极 c，另一引脚为发射极 e，用手指分别捏住 c 极与 b 极（即用手指代替基极电阻）。同时，将万用表两表笔分别与 c、e 接触，若被测管为 NPN 型，则用黑表笔接 c 极，用红表笔接 e 极（PNP 型管相反），观察指针偏转角度；然后再设另一引脚为 c 极，重复以上过程。比较两次测量指针的偏转角度，大的一次表明 I_c 大，管子处于放大状态，相应假设的 c、e 极正确。操作方法如图 4-21 所示。

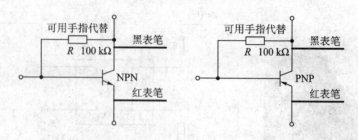

图 4-21 三极管 c、e 极判别

以上用的是模拟万用表,用数字万用表更加方便。如果按照模拟万用表的测量方法也行,不过数字万用表的红表笔接的是内部电池的正极,黑表笔接的是电池的负极,测量的时候与模拟万用表相反。首先用万用表的二极管挡判断出基极和管型(参照模拟万用表的方法),然后将万用表打到"HFE"挡(数字万用表有一个"HFE"挡是专门用来测量三极管的电流放大系数的)。HFE 挡位上有两排插孔,将三极管的基极插到对应管型的"b"孔,调换引脚顺序测两次。显示屏上数字大的一次就是三极管正确的引脚顺序,这个时候根据插孔的标号就能得到引脚的名称。下面是 9012 管的测量过程。根据图 4-22 可以判断 b 极(基极)为中间引脚,同时可确定为 PNP 型管;根据图 4-23~图 4-26 可以确定 c、e 极以及电流放大系数 β 为 280。

(a) 黑表笔位置不变,红表笔分别测量其他两个引脚

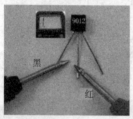
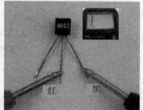

(b) 红表笔位置不变,黑表笔分别测量其他两个引脚

图 4-22 判断 PN 结

图 4-23 HFE 挡 　　　　　　　图 4-24 三极管管型和引脚正确

图 4-25 引脚错误(c、e极接反)

图 4-26 管型错误

4.6 贴片元件

　　贴片元件是无引脚和短引脚的新型微小型元器件,以体积小、重量轻、抗震性好、抗干扰能力强、可靠性高等特点而被广泛应用。贴片元件目前尚无统一命名规则,均由各生产厂家按企业标准命名,但大多由代号及元器件的相关参数组成。实际使用时,若需获得更详细的资料,可以查阅相关产品的说明手册,下面简要介绍常用贴片元件的识别方法。

一、贴片电阻

1. 贴片电阻的封装

　　贴片电阻的封装主要有矩形片状封装和圆柱形封装两种。矩形片状封装是将传统的引脚做成焊盘的形式,外形则做成长方体,如图 4-27 所示;圆柱形封装则是将引脚做成焊盘的形式,外形还是保持原来的圆柱体。目前使用最多的是矩形片状封装。

图 4-27 矩形贴片电阻

2. 阻值识别

贴片电阻的阻值主要有四种表示方法:

　　(1) 色环:主要针对圆柱形封装,读法和一般电阻的读法一样。

　　(2) 数字表示法:这和一般电阻的表示法一样,前面的表示有效数字,最后面的表示后面"0"的个数,如电阻 511 表示的是 510 欧。

　　(3) 字母加若干数字表示法:它用一个字母与若干数字组合表示其大小,如电阻"1R1"表示 1.1 欧姆,"R47"表示 0.47 欧姆。

　　(4) 一个字母加一个数字表示法:字母表示的是有效数字,数字表示的是有效数字乘以 10 的 n 次方,如"A0"表示 1Ω,"K4"表示 24 kΩ。表 4-7 是字母对应的意义。

表 4-7　字母和数字表示法中字母的意义

字母	A	B	C	D	E	F	G	H	J	K	L	M
意义	1.0	1.1	1.2	1.3	1.5	1.6	1.8	2.0	2.2	2.4	2.7	3.0
字母	N	O	Q	R	S	T	U	V	W	X	Y	Z
意义	3.3	3.6	3.9	4.3	4.7	5.1	5.6	6.2	6.8	7.5	8.2	9.1

二、贴片电容

1. 贴片电容的封装

贴片电容的封装与电阻一样，也有矩形片状封装和圆柱形封装两种，如图 4-28 所示。矩形封装和电阻的区别是，电容要厚一些；圆柱形封装和电阻的区别是，电阻的两头粗，而电容则整体一样粗。

图 4-28　贴片电容

2. 容值识别

贴片电容的容值主要有以下几种表示方法：

(1) 直标法：和普通的电容表示法一样。

(2) 色环表示法：读法和一般电阻的读法一样，单位是 pF。

(3) 数字表示法：和普通的电容一样。如上面的"107"为 $100\mu F$。

(4) 一个字母加一个数字表示法：字母表示的是有效数字，数字表示的是有效数字乘以 10 的 n 次方，单位为"pF"，如"A0"表示 1pF，"K4"表示 24000 pF。表 4-8 中所列是字母对应的意义。

表 4-8　电容一个字母加一个数字表示法中字母的意义

字母	A	B	C	D	E	F	G	H	J	K	L	M
意义	1.0	1.1	1.2	1.3	1.5	1.6	1.8	2.0	2.2	2.4	2.7	3.0
字母	N	O	Q	R	S	T	W	X	Y	Z	a	b
意义	3.3	3.6	3.9	4.3	4.7	5.1	6.8	7.5	8.2	9.1	8.2	9.1
字母	d	e	f	u	m	v	h	t	y			
意义	4.0	4.5	5.0	5.6	6.0	6.2	7.0	8.0	9.0			

(5) 字母加颜色表示法：字母表示有效数字，见表 4-7，颜色表示乘以 10 的 n 次方，见表 4-9，例如，红色后面还印有"Y"字母，则表示电容量为 $8.2\times100=8.2$ pF；黑色后面带有"H"字母，则表示电容量为 $2.0\times10^1=20$ pF；白色后面带有"N"字母，则表示该电容数值为 $3.3\times10^3=3300$ pF。

表 4 - 9 颜色和字母表示法中颜色的含义

颜色	10^n	颜色	10^n	颜色	10^n
红	0	黑	1	蓝	2
白	3	绿	4	橙	5
黄	6	紫	7	灰	8

3. 电解电容的极性

贴片电解电容有一条色带标明是正极。但对于某些电容也用色带表示负极（和传统的直插式电解电容一样），如图 4 - 29 最右边的铝电解电容。

图 4 - 29 贴片电解电容极性

三、贴片电感

1. 贴片电感的封装

贴片电感的封装与电阻一样，也有矩形片状封装和圆柱形封装两种。矩形封装和电阻的区别是，电感要厚一些；圆柱形封装和电阻的区别是，电阻的两头粗，而电感则整体一样粗。其实物图见图 4 - 30。

图 4 - 30 矩形封装贴片电感

2. 电感量识别

贴片电感和电阻的表示方法类似。这里主要介绍以下几种表示方法：

（1）数字表示法：和普通的读法一样，前面的几位表示有效数字，最后一位表示后面"0"的个数，单位为微亨（μH），如"470"表示 47 μH。

（2）数字加字母：前面的表示有效数字，后面的表示单位，如"47n"表示 47 nH（即 0.047 μH）。

四、贴片二极管

1. 贴片二极管的封装

贴片二极管有矩形片状封装和圆柱形封装两种。圆柱形封装的二极管没有引线，其两端金属帽就是正负极。矩形片状封装也有两种，一种是两脚封装，和电阻类似；一种是三脚封装。其实物图见图 4 - 31。

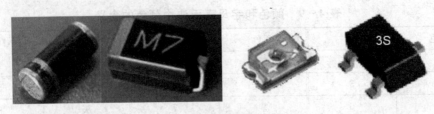

图 4 - 31　贴片二极管的不同封装形式

2. 识别

贴片二极管的识别和普通二极管不一样。它的型号不是直接标明的，如上面的 M7 和 3S，它们是厂家打的标记，其真正的意义要查厂家的型号代码。如"M7"则是 1N4007，"3S"表示的是 FHBAT54C。表 4 - 10 是部分常用贴片二极管的型号对应表（注意：各个厂家不同，标相同标记的型号也可能不同，如同是标"M4"的也可能是场效应管！这里只是表示性能相同，例如，Fairchild 公司的 S1A～S1M 则相当于 1N4001～1N4007）。

表 4 - 10　部分常用贴片二极管的型号对应表

代码	M1	M2	M3	M4	M5
参考型号	1N4001	1N4002	1N4003	1N4004	1N4005

对于三脚封装的二极管，其引脚有几种排列方式，如图 4 - 32 所示。常见的是图 4 - 32（c），如图 4 - 31 最右端标"3S"的 FHBAT54C 就是这种引脚排列。根据二极管的特性，用万用表的二极管挡可以直接判断。

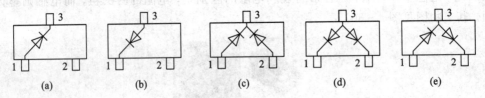

(a)　　　　(b)　　　　(c)　　　　(d)　　　　(e)

图 4 - 32　三脚封装的贴片二极管

五、贴片三极管

1. 封装

贴片三极管也有矩形和圆形两种封装，如图 4 - 33 所示，常见的为矩形封装。有的矩形封装和三脚封装二极管外形是一样的。

图 4 - 33　贴片三极管的封装形式

2. 识别

和二极管一样，贴片三极管的型号也不是直接标注在上面的，它也需要查对应厂家的代码。如图 4-33 所示的"2TY"则是 S8550。常见贴片三极管的型号对应如表 4-11 所示。

表 4-11　常见贴片三极管的型号

代码	1T	2T	J3	J6	M6	Y6	J8
型号	9011	9012	9013	9014	9015	9016	9018
代码	J3Y	2TY	Y1	Y2			
型号	S8050	S8550	8050	8550			

第 5 章　电路分析基础实验

实验一　常用测量仪器使用实验(一)

预习要求:

(1) 认真学习第 3 章中的信号源、直流稳定电源、DDS 信号发生器、交流毫伏表的使用方法。

(2) 理解正弦信号的峰峰值、振幅、有效值之间的关系。

一、实验目的

掌握万用表、直流稳定电源、函数信号发生器、交流毫伏表的使用方法。

二、实验仪器

台式万用表	1 台
直流稳定电源	1 台
DDS 信号发生器	1 台
交流毫伏表	1 台

三、实验原理

(1) 在电子电路实验中,为了测量与分析电路的工作状态和信号参数,常用以下几种测量仪器:

① 直流稳定电源:为电路提供直流电压源和直流电流源。

② 万用表:主要用于测量电路的静态(直流)参数,如电阻值、电容值以及判别导线的通断等。

③ DDS 信号发生器:为电路提供各种频率、幅度、波形的输入信号。

④ 示波器:观察电路中各点波形,测量波形的周期、频率、电压幅度、相位差,电路的特性曲线等。

⑤ 交流毫伏表:用于测量电路中各点正弦信号的有效值。

(2) 实验中用到的交流电压幅度的几种表示方法:

① 峰峰值:波峰到波谷的差,用 U_{pp} 表示,如图 5-1 所示。

② 有效值:有效值是根据电流热效应来规定的,让一个交流电流和一个直流电流分别通过阻值相同的电阻,如果在相同时间内产生的热量相等,那么就把这一直流电的数值叫做这一交流电的有效值,用 U_{rms} 表示。

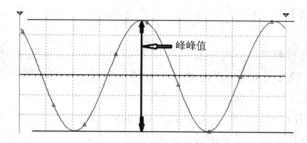

图 5-1 峰峰值

（3）几种常用波形峰峰值与有效值的转换关系：

① 正弦波：一个峰峰值为 $2\sqrt{2}$ V 的正弦波，其有效值为 1 V。

② 方波：一个峰峰值为 2 V 的方波，其有效值为 1 V。

③ 三角波：一个峰峰值为 $2\sqrt{3}$ V 的三角波，其有效值为 1 V。

四、实验内容

1. 直流稳压电源、万用表的使用

（1）检测导线。选用台式数字万用表的蜂鸣器挡位，用表笔接导线两端，如果听到万用表发出蜂鸣声，说明导线是好的，否则导线断路，不能使用。（注意，凡是要使用的导线，在使用之前，都要进行通断检测，否则会影响实验正常进行！）

（2）检测测试连接线和示波器探头。测试连接线和示波器探头是信号源与示波器等设备的专用线，使用的时候也必须进行检测，如图 5-2 所示。检测方法可以按照检测导线的

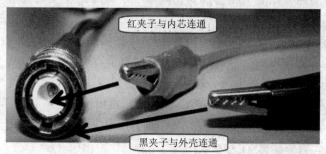

(a) 测试连接线

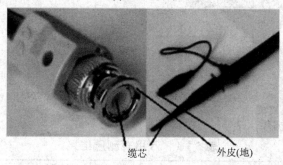

(b) 示波器探头

图 5-2　测试连接线和示波器探头

方法来分别检测地线和中间的芯(信号线)。如果有断路，应更换。(同轴电缆在使用之前也必须检测!)

（3）单电压输出与测量。使直流稳压源中间两个按键弹出，置独立状态，选择其中一路，用电源线将正、负极分别引出(注意：电流调节旋钮 CURRENT 不能调得太小，若其旁边的指示灯为红色，表示电源处于稳流状态，此时应该顺时针旋转 CURRENT 旋钮，使指示灯变为绿色)。开启电源调整电压为 1.8 V、5 V，按下 OUTPUT 输出开关，选择万用表直流电压挡，将万用表红、黑表笔分别连接至直流稳定电源正、负极即可测量。

（4）双极性电源输出。

① 模拟电路中有很多器件需要多个电源电压，最常用的是 ±12 V。±12 V 电源可以通过两组 12 V 的电源来实现：将两组电源串联，中间定为零电位"地"。其连接图如图 5-3 所示。

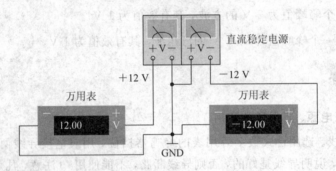

图 5-3　双极性电源连接图

注意：两路万用表的正、负极接法不同！图中的地是参考点(我们在电路中人为设定的"0"电位)，因此右路万用表的正极接到直流稳压电源右路输出的负极，这样才能得到一个负电源输出。

② 连接好电路图以后，开启电源，将两组电源都调到 12 V，就能得到 ±12 V 双极性电源，中间的连接点为零电位"地"。用万用表分别测量即可。

③ 由较低电压串联成较高电压。如果将图 5-3 中万用表电压调到 ±20 V，并且电路中的零电位"地"移到 -20 V 端，电源就成为 +40 V 输出了，如图 5-4 所示。

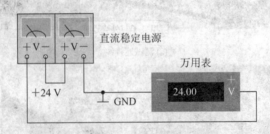

图 5-4　两路电压源串联输出

将前面的测量数据填入表 5-1 中。

表 5-1　万用表测量结果

直流稳压电源	1.8 V	5 V	±12 V	40 V
万用表				

2. DDS 信号发生器与交流毫伏表的使用

测量正弦信号的有效值，将测量结果填入表 5-2 中。测量方法参见第 2 章信号源、毫伏表相关内容。测量前注意检查导线，请注意图 5-5 中，信号源、毫伏表的地线（黑色的）一定要接在一起（为什么？能否将红夹子和黑夹子混接？）。

表 5-2　毫伏表测量结果

信号波形	信号幅度	信号频率	交流毫伏表测量值 (U_{rms})
正弦波	0.5 V（有效值）	500 Hz	
	0.5 V（峰峰值）	500 Hz	
	1.2 V（有效值）	1.5 kHz	
	1.2 V（峰峰值）	1.5 kHz	
	0.6 V（有效值）	5 kHz	
	0.6 V（峰峰值）	5 kHz	

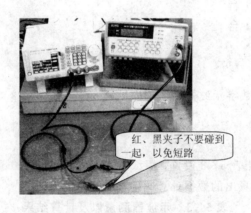

图 5-5　信号线接线

五、思考题

（1）用万用表的交流电压挡测量交流电压时有什么需要注意的地方？

（2）万用表蜂鸣器的功能是什么？

（3）是否可用毫伏表测量直流电压？

（4）对于正弦波，什么是电压有效值？什么是电压峰峰值？常用交流电压表的电压测量值和示波器的电压直接测量值有什么不同？峰峰值为 2 的正弦信号其有效值为多少？

六、实验报告要求

（1）完成表格 5-1 和表格 5-2 的数据测量。

（2）分析测量误差，讨论误差的可能来源。

（3）回答思考题。

实验二　常用测量仪器使用实验(二)

预习要求:

学习第 3 章中数字示波器的相关操作方法,示波器使用是今后实验的重、难点,实验之前请认真预习。

一、实验目的

(1) 学会用示波器测量正弦波、方波、三角波等常用信号的电压峰峰值、周期、频率。

(2) 熟练掌握用信号源输出规定幅度、频率、波形的信号。

(3) 理解各种信号参量(峰值、峰峰值、有效值、周期、频率)的意义及其换算关系。

二、实验仪器

台式万用表　　　1 台

数字示波器　　　1 台

DDS 信号发生器　1 台

三、实验原理

DDS 信号发生器和数字示波器的原理详见第 3 章 3.1 节和 3.5 节。

四、实验内容

(1) 信号源输出按照表 5-3 设置,用示波器观察波形,并测量出周期和峰峰值,填入表 5-3 中,课后根据测量出的数据计算频率和有效值。

表 5-3　示波器测量以及计算结果

信号发生器			示波器测量值		计算值(课后计算)	
信号波形	信号幅度	信号频率	周期	峰峰值 (U_{pp})	频率	有效值 (U_{rms})
正弦波	0.5 V(有效值)	500 Hz				
正弦波	0.5 V(峰峰值)	500 Hz				
正弦波	1.2 V(峰峰值)	8 kHz				
方波	0.6 V(有效值)	10 kHz				
方波	0.6 V(峰峰值)	10 kHz				
三角波	1.5 V(峰峰值)	45 kHz				

(2) 双踪法测量相位差。相位差指的是两个相同频率的周期信号之间的相位关系,判断方法是,比较波形相邻的两个周期,谁先达到最大值,谁就超前,如图 5-6 所示,波形 u_1 相位超前。相位差的测量方法如图 5-6 所示,将两个波形相邻的波峰或波谷的时间差 Δt 及周期 T(两个波形的周期相同)测出,代入公式 5-1,即可计算出相位差。

$$\theta = \frac{\Delta t}{T} \times 360° \qquad\qquad (5-1)$$

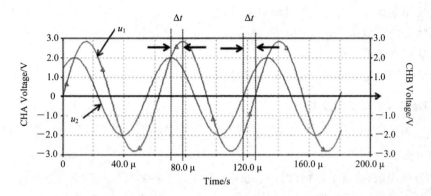

图 5-6　相位差的测量示意图

具体参数及测量要求如下：

（1）信号源 CHA 路输出一个 5.66 V（峰峰值）、16 kHz 的正弦波 u_1 并送到示波器 CH1 通道。

（2）CHB 输出一个 4 V（峰峰值）、16 kHz 的正弦波 u_2，并设置两路波形相位差为 100°，送到示波器 CH2 通道。

（3）两路波形同时在示波器上显示出来，测出相邻两个波峰或波谷的时间差 Δt，及周期 T（两个波形的周期相同），代入公式（5-1），计算出相位差。请将实际测量出的相位差与信号源设置的相位差对比，并计算误差。

（4）画出两个波形并标明其各自的大小，同时标出两个波形哪个是 CHA 路的，哪个是 CHB 路的。

五、思考题

（1）示波器测量信号时，被测信号的输入有两种耦合方式，AC 和 DC，是什么意思？在其他设置相同情况下对同一被测信号分别用 AC 和 DC 方式测试，显示的结果有什么不同？GND（地）是什么意思？

（2）如何操作示波器代替万用表粗略测量直流电压（如测试电路中直流工作点的电位）？

（3）如何用数字示波器测量交流小信号？请简述其步骤。

六、实验报告要求

（1）完成表格 5-3 和双踪法测量相位差。

（2）分析测量误差，讨论误差的可能来源。

（3）回答思考题。

实验三　基本元器件的识别与测量

预习要求：

学习第 4 章中电阻、电容、电感、二极管（包括发光二极管）、三极管的知识。

一、实验目的

(1) 认识基本元器件，了解其特性和作用。

(2) 学会读取电阻、电容、电感的标称值。

(3) 掌握电阻器的色标表示法。

(4) 学会用万用表测试二极管和三极管。

二、实验仪器及元器件

台式万用表   1台

参考元器件：

各类电阻(直标、色标(四环、五环))	各 2 只
各电位器(普通、精密)	各 2 只
各类电容(电解、陶瓷)	各 2 只
各类电感(直标、色环)	各 1 只
各类二极管(发光、整流、稳压)	各 1 只
各类三极管(PNP 型、NPN 型)	各 1 只

三、实验原理

电阻、电容、电感、二极管以及三极管的基本常识参见第 4 章。

四、实验内容

(1) 电阻、电感的识别。读电阻、电位器和电感的标称值，然后用万用表测量(对电位器直接测量全程电阻；如果万用表无法测量电感，则只读电感上的标注)，完成表 5-4、表 5-5。

表 5-4 直标电阻、电感

	电阻(直标)		电位器		电感
	R_1	R_2	R_{P1}	R_{P2}	L_1
标称符号					
标称值					
测量值					
误差					

表 5-5 色环电阻、电感

电阻/电感	一环	二环	三环	四环	五环	标称值	测量值	标称误差/(%)	实测误差/(%)
R_1									
R_2									
L_1									

（2）电容的识别。读取电容器的标称值，填入表5-6中，然后测量对应参数（如果万用表无法测量，则只读电容上的标称值）。

表 5-6　电容的识别

电容	电容名称	类型	耐压	电容标称值	实测值	实测误差/(%)
C_1						
C_2						

（3）二极管的识别。判断各二极管的类型（发光、整流、开关等），用万用表二极管挡判断二极管极性，并测量二极管正向压降或正向导通电阻（部分万用表测量的是正向压降，部分测量的是正向电阻，具体看万用表功能），将参数填入表5-7中。

表 5-7　二极管的识别

二极管	标称	类型	耐压	正向压降（或电阻）
VD_1				
VD_2				
VD_3				

（4）三极管的识别。判断三极管的类型（PNP或NPN型），用万用表判断三极管的各极，测量三极管电流放大系数β，并用万用表二极管挡测量各极间电阻（或压降），将参数填入表5-8中。

表 5-8　三极管的识别

三极管	型号	类型	β	bc	be	cb	ce	eb	ec
VT_1									
VT_2									

五、思考题

（1）何为电容器？描述电容器的参数有哪些？

（2）有哪些主要类型的电阻器？其表示符号分别是什么？

（3）测量电阻值时为什么不能用双手同时捏住电阻器两端？

（4）如何判别电解电容器的质量好坏？进行第二次测量时，如何操作才能防止电容器内积存的电荷经万用表放电烧坏表头？

（5）为什么在电路处于加电状态时不能用电阻挡测量电路中任意两点之间的电阻？

（6）用不同的电阻挡测量同一个二极管的正反向电阻，结果是否相同？

六、实验报告要求

（1）完成表格5-4～表格5-8相关内容。

（2）分析测量误差，讨论误差的可能来源。

（3）回答思考题。

实验四 点电压法测量的二极管特性曲线

预习要求：

查阅资料，了解二极管伏-安特性曲线的意义；了解如何用万用表测量电流、电压；在网上查阅二极管（如 1N4148、1N4001、1N4007）的相关手册；有条件的同学用 Multisim 10 先进行电路仿真，并打印结果。

一、实验目的

（1）进一步掌握万用表测量电压、电流的方法。

（2）进一步了解二极管特性。

二、实验仪器及元器件

直流稳定电源	1 台
台式万用表	1 台

元器件：

电位器（或电阻箱）	1 个
二极管（如 1N4004 或 1N4148、1N4001 等）	1 个

三、实验原理

二极管是非线性元件，其电阻随二极管两端的电压变化而变化。半导体二极管最重要的特性是单向导电性，即当外加正向电压时，它呈现的电阻（正向电阻）比较小，通过的电流比较大；当外加反向电压时，它呈现的电阻（反向电阻）很大，通过的电流很小（通常可以忽略不计）。反映二极管的电流随电压变化的关系曲线，叫做二极管的伏-安特性曲线，如图 5-7 所示。

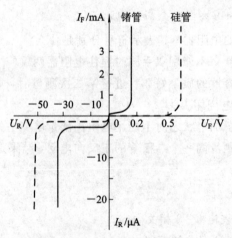

图 5-7 锗、硅二极管特性曲线

图 5-7 中右上方为正向伏-安特性曲线，左下方为反向伏-安特性曲线。当外加正向电压时，随着电压 U 的逐渐增加，电流 I 也增加。但在开始的一段，由于外加电压很低，外电场不能克服 PN 结的内电场，半导体中的多数载流子不能顺利通过阻挡层，所以这时的正向电流极小（该段所对应的电压称为死区电压，硅管的死区电压约为 $0\sim0.5$ V，锗管的死区电压约为 $0\sim0.2$ V）。当外加电压超过死区电压以后，外电场强于 PN 结的内电场，多数载流子大量通过阻挡层，使正向电流随电压很快增长。当外加反向电压时，所加的反向电压加强了内电场对多数载流子的阻挡，所以二极管中几乎没有电流通过。但是这时的外电场能促使少数载流子漂移，所以少数载流子形成很小的反向电流。由于少数载流子数量有限，只要加不大的反向电压就可以使全部少数载流子越过 PN 结而形成反向饱和电流，继续升高反向电压时反向电流几乎不再增大。当反向电压增大到某一值以后（硅管 -50 V 左右，锗管 -30 V 左右），反向电流会突然增大，这种现象叫反向击穿，这时二极管失去单向导电性。所以一般二极管在电路中工作时，其反向电压任何时候都必须小于其反向击穿时的电压。

根据二极管电压与电流的特性，可以设计一个电路，Multisim 仿真电路图如图 5-8 所示；电气电路图如图 5-9 所示，图中 E 是可调稳压直流电源，R_1 为限流电阻。改变电源电压，用万用表可以测量二极管上的电压，电流则可以根据 R_1 上的电压除以其阻值得到（也可以用万用表电流挡测量）。通过测量多点的电压、电流，用绘图法绘出二极管的伏-安特性曲线。

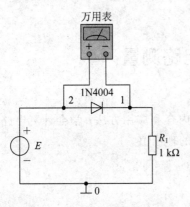

图 5-8　Multisim 仿真电路图

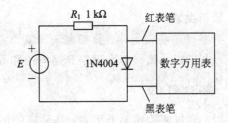

图 5-9　电气电路图

四、实验内容

（1）连接电路。按照图 5-9 接线，$R_1 = 1$ kΩ，将电压源电压调至最低。

（2）测量二极管的正向伏-安特性曲线。按照表 5-9 测量相关参数（注意电压源不能输出太大电压，防止烧毁元件；电流可利用 U_R/R 计算），把实验数据填入表 5-9 中（万用表测量值保留两位小数）。

表 5-9　数据记录

直流电源	0.7 V	1 V	1.4 V	1.6 V	2.6 V	4.6 V	6.6 V
电阻电压 U_R							
二极管电压 U_D							
电路电流 I_R							

（3）测量二极管的反向伏-安特性曲线（选做）。在图 5-9 的基础上，将二极管反接，然后按照表 5-9 再测量一次，这样就是二极管加反向电压的曲线。将正向和反向曲线合在一起，就得到了二极管完整的伏-安特性曲线（反向测量时一定要注意所加电压不能超过反向击穿电压，否则二极管会损坏）。

五、思考题

（1）能否根据测量的数据判断出二极管是硅管还是锗管？如果可以，请作出判断并说明理由。

（2）非线性电阻器的伏安-特性曲线有何特征？

（3）设某器件伏-安特性曲线的函数式为 $I=f(U)$，试问：在逐点绘制曲线时，其坐标变量应如何放置？

（4）稳压二极管与普通二极管有何区别，其用途是什么？

六、实验报告要求

（1）完成表格 5-9 中的相关内容。

（2）在坐标纸中画出二极管的伏-安特性曲线，把曲线和产品说明书相比较。

（3）回答思考题。

实验五　直流电路测量

预习要求：

熟悉基尔霍夫定律、叠加定理和戴维南定理的内容和应用方法；学会计算电路中各点电压、电流以及戴维南定理中开路电压和等效电阻的理论值。

一、实验目的

（1）通过实验熟悉万用表、实验箱的使用方法。

（2）在线性网络中，验证基尔霍夫定律、叠加定理和戴维南定理。

（3）了解戴维南定理和诺顿定理的实际应用。

（4）学习直流电路的测试方法。

二、实验仪器

直流稳压源	1 台
台式万用表	1 台
电路实验箱	1 台

三、实验原理

1. 基尔霍夫定律

基尔霍夫第一定律又称基尔霍夫电流定律，简记为 KCL，是电流的连续性在集总参数电路上的体现，其物理背景是电荷守恒定律。基尔霍夫电流定律是确定电路中任意节点处各支路电流之间关系的定律，因此又称为节点电流定律。

　　基尔霍夫电流定律表明，所有进入某节点的电流的总和等于所有离开该节点的电流的总和。或者描述为：假设进入某节点的电流为正值，离开该节点的电流为负值，则所有涉及该节点的电流的代数和等于零。若以方程表达，则对于电路的任意节点满足：

$$\sum_{k=1}^{n} i_k = 0 \tag{5-2}$$

其中，i_k 是第 k 个进入或离开该节点的电流，也是流过与该节点相连接的第 k 个支路的电流，可以是实数或复数。

　　基尔霍夫第二定律又称基尔霍夫电压定律，简记为 KVL，是电场为位场时电位的单值性在集总参数电路上的体现，其物理背景是能量守恒定律。基尔霍夫电压定律是确定电路中任意回路内各电压之间关系的定律，因此又称为回路电压定律。

　　基尔霍夫电压定律表明，沿着闭合回路所有元件两端的电势差（电压）的代数和等于零。或者描述为：沿着闭合回路的所有电动势的代数和等于所有电压降的代数和。若以方程表达，则对于电路的任意闭合回路满足：

$$\sum_{k=1}^{m} u_k = 0 \tag{5-3}$$

其中，m 是该闭合回路的元件数目，u_k 是元件两端的电压，可以是实数或复数。

　　基尔霍夫电压定律不仅应用于闭合回路，也可以把它推广应用于回路的部分电路。

2. 叠加定理

　　在线性电路中，任一支路的电流（或电压）可以看成电路中每一个独立电源单独作用于电路时，在该支路产生的电流（或电压）的代数和（叠加）。线性电路的这种叠加性称为叠加定理。其公式为

$$U_{ab} = U_a + U_b \tag{5-4}$$

3. 戴维南定理

　　戴维南定理（Thevenin's theorem）：含独立电源的线性电阻单口网络 N，就端口特性而言，可以等效为一个电压源和电阻串联的单口网络。电压源的电压等于单口网络在负载开路时的电压 u_{oc}；电阻 R_o 是单口网络内全部独立电源为零值时所得单口网络 N_o 的等效电阻，如图 5-10 所示。

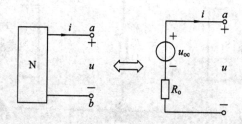

图 5-10　戴维南定理电路

　　其中，电压源的电压值为该有源二端网络 N 的开路电压 u_{oc}，如图 5-11(a)所示；串联电阻值等于有源二端网络内部所有独立源不作用（即网络中所有电压源短路，所有电流源开路）时对应的网络 N_o 在输出端求得的等效输入电阻 R_o，如图 5-11(b)所示。这样的等

效电路称为戴维南等效电路。

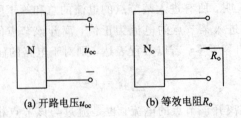

(a) 开路电压u_{oc} (b) 等效电阻R_o

图 5-11   开路电压 u_{oc} 和等效电阻 R_o 等效电路

四、实验内容

1. 连接电路

(1) 按照图 5-12 接线。

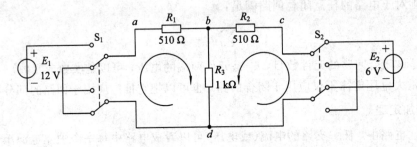

图 5-12   基尔霍夫定律原理图

注意：图 5-13 中的开关 S_1（左）与 S_2（右）为双极双位（双刀双掷）开关。使用时，S_1 掷向左，将 E_1 接入电路，S_1 掷向右，E_1 脱离电路，并将上、下两个点直接连接（a、d 两点）；S_2 正好相反，掷向右，将 E_2 接入电路，S_2 掷向左，E_2 脱离电路并将上、下两个点直接连接（c、d 两点）。图 5-14 为基尔霍夫定律的 Multisim 10 仿真图。

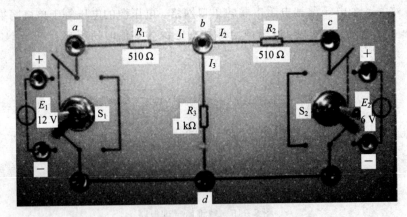

图 5-13   实验箱电路

(2) 打开直流稳压电源，用万用表调整两路电压到 12 V 和 6 V（确保准确）。

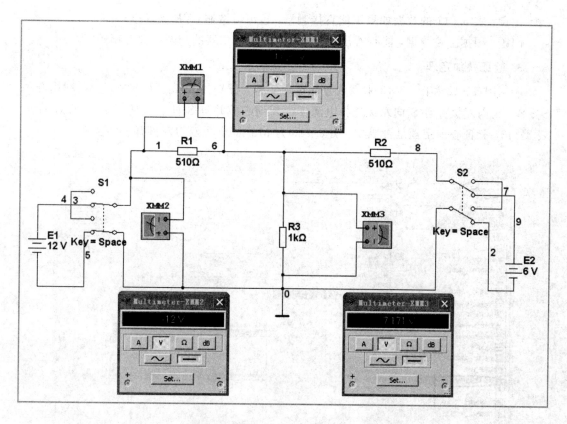

图 5-14　验证基尔霍夫定律的仿真图

2. 验证基尔霍夫定律，测量电流、电压

选择电路的参考方向，并在图 5-13 中标示出来（也可以按照图 5-12 的方向）。打开 E_1、E_2 两个电源并将其同时接入（S_1 向左，S_2 向右）电路，然后依参考方向，按照表5-10、表 5-11 测量数据（注意保留两位小数），验证基尔霍夫定律。

表 5-10　验证 KVL

环路	abd 回路				cbd 回路			
电压/V	U_{ab}	U_{bd}	U_{da}	$\sum U$	U_{cb}	U_{bd}	U_{dc}	$\sum U$
测量值								
理论值								

表 5-11　验证 KCL

节点	b 点			
电流/mA	$-I_{ab}$	I_{bd}	I_{bc}	$\sum I$
测量值				
理论值				

注意：表 5 - 11 的数据如果不能直接测量，也可以按照 U/R 来求得。

问题：根据上述数据，能否看出该实验是否成功？主要的判断指标有哪些？

3. 验证叠加定理

利用图 5 - 12 和图 5 - 13 来完成叠加定理实验，分别接入 E_1、E_2 两个电源（利用开关 S_1、S_2，S_1 向左拨并且 S_2 向左拨选择电源 E_1，S_1 向右拨并且 S_2 向右拨选择电源 E_2），完成表 5 - 12，验证叠加定理是否成立。图 5 - 15 为 Multisim 中双刀双掷开关的选择。

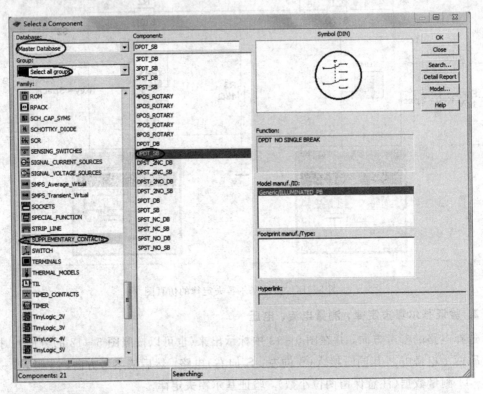

图 5 - 15　Multisim 10 中双刀双掷开关的选择

表 5 - 12　验证叠加定理

		U_{ab}/V	U_{bd}/V	U_{cb}/V	I_{ab}/mA	I_{bc}/mA	I_{bd}/mA
只有 E_1 接入	测量值						
	理论值						
只有 E_2 接入	测量值						
	理论值						
叠加结果	计算值						
E_1、E_2 同时接入	测量值						
	理论值						

4. 验证戴维南定理

这部分实验的主要任务是求得 U_{oc} 和 R_o，如图 5 - 16 所示。有两种方法：直接法和网络外部特性曲线法（间接法）。

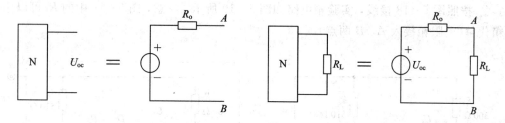

图 5 - 16　戴维南等效电路

（1）直接法：由于电压源电压 U_{oc} 等于网络开路电压，因此只要将 R_L 从电路中断开，直接测量就得到了 U_{oc}；而串联电阻 R_o 等于网络中所有独立源置为 0 时的等效电阻，因此只要将电压源从电路中取走，然后用导线将电路中原先接电源的两点连接（相当于电压源"短路"），再用万用表测量 A、B 间的电阻就得到 R_o。

（2）网络外部特性曲线法：根据网络的外部特性曲线（U - I）间接求 U_{oc} 和 R_o。对于等效电路，假设对 R_L 进行了至少两次调整。

当 $R_L = R_1$ 时，

$$U_{R1} = U_{oc} - R_o \times I_{R1} \tag{5-5}$$

$$I_{R1} = \frac{U_{R1}}{R_1} \tag{5-6}$$

当 $R_L = R_2$ 时，

$$U_{R2} = U_{oc} - R_o \times I_{R2} \tag{5-7}$$

$$I_{R2} = \frac{U_{R2}}{R_2} \tag{5-8}$$

联立上面 4 个方程，得到

$$R_o = \frac{U_{R2} - U_{R1}}{U_{R1} / R_1 - U_{R2} / R_2} \tag{5-9}$$

式（5 - 9）表明，电压的变化量除以电流的变化量就是等效电阻 R_o。如果将 R_L 的 U - I 曲线画出来，如图 5 - 17 所示，直线的斜率就是 R_o，短路电流为 I_o，开路电压为 U_{oc}。

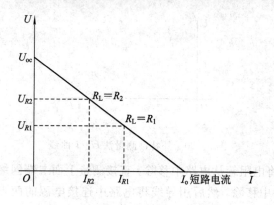

图 5 - 17　戴维南等效电路外特性测量法

（1）连接电路，并输入直流电压。

① 打开直流稳压电源，用万用表调整两路电压到 12 V，然后关闭电源。

② 按照图 5-18 接线，实验箱电路如图 5-19 所示。注意，图 5-18 中的 R_L 可以用电阻箱代替（电阻箱接入 A、B 两点）。

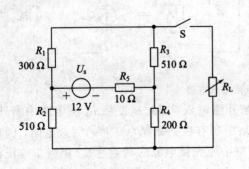

图 5-18　戴维南定理原理图　　　　图 5-19　戴维南定理实验箱图

（2）测量 U_{oc}、R_o。

① 外特性测量法：将 12 V 的电源接入电路，不断调整电阻 R_L（或电阻箱）的大小，用万用表测量 R_L 两端的电压，将数据记录到表 5-13 中，并将表格的数据在图 5-20 中画成 U-I 曲线（注意直线的画法），并标出 U_{oc}、I_o 以及 R_o 的值。

表 5-13　外特性测量法

	R_L/Ω	1000	800	600	400	200	100
U_{R_L}/V	测量值						
	理论值						
I_{R_L}/mA	测量值						
	理论值						
根据图求出		$U_{oc}=$		$R_o=$			$I_o=$

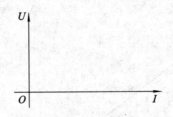

图 5-20　外特性测量法 U-I 曲线

② 直接测量法：将电阻箱从电路中移除，直接测量上面二端网络的电压，即得 U_{oc}，再将 12 V 电压源从电路中移除，然后用导线将电路中连接电源的两点连接，直接用万用表的电阻挡测量二端网络的电阻，即得 R_o。将所测数据填入表 5-14 中，将两种方法得到的 U_{oc}、R_o 相比较，看结果是否相符。如果相差较大，则说明实验中有错误。

U_{oc}/V	
R_o/Ω	

（3）验证戴维南定理。验证戴维南定理的等效电路和图 5－18 所示电路的特性是否一致。按照图 5－21 搭建其等效电路，将电压源调到 U_{oc}，串联一个阻值大小为 R_o 的电阻（可用实验箱上的电位器调节到 R_o），再接上电阻箱（作为 R_L）组成一个回路。调整电阻箱的值，完成表 5－15 的内容。将表 5－15 与表 5－13 所测的结果相比较，看两个电路的外部特性是否一致。

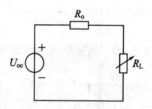

图 5－21　验证戴维南定理的等效电路

表 5－15　验证戴维南定理

	R_L/Ω	1000	800	600	400	200	100
U_{R_L}/V	测量值						
I_{R_L}/mA	测量值						

（4）戴维南定理 Multisim 10 仿真分析。

① 启动 Multisim 10，按图 5－18 搭建仿真电路。图 5－22 为根据外特性测量法测量表 5－13 且 R_L 为 1000 Ω 时 U_{R_L} 和 I_{R_L} 的仿真电路，其他参数请自行测量。

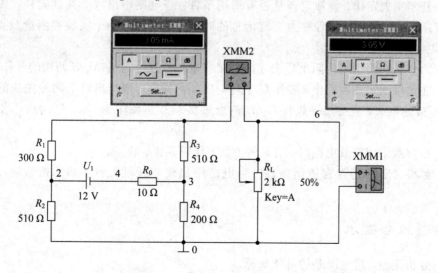

图 5－22　戴维南定理网络外特性曲线仿真电路

② 按图 5-18 搭建仿真电路，图 5-23 和图 5-24 分别为根据直接测量法测量表 5-14 中 U_{oc} 和 R_0 的仿真电路。注意：图 5-23 中万用表 XMM1 应设置为测量直流电压，图 5-24 中万用表 XMM1 应设置为测量电阻。

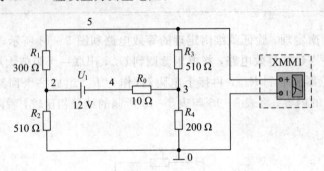

图 5-23 测量 U_{oc} 的仿真电路

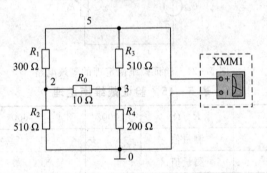

图 5-24 测量 R_0 的仿真电路

五、思考题

(1) 基尔霍夫定律、叠加定理是否有适用条件？当电路中出现非线性元件，如二极管时，是否还适用？当激励信号变为交流信号的时候呢？请设计一个实验并测量数据，得出结论。

(2) 为什么必须用高内阻电压表才能直接测量含源线性网络 A、B 两端的开路电压？

(3) 在戴维南定理实验中，要使 U_S 置零，应如何操作？请指出以下两种做法的错误之处：① 不拆除电源，直接用导线将 C、D 两点短接；② 拆除电源，C、D 两点不使用导线短接。

(4) 在求戴维南等效电路时，有几种方法？比较其优、缺点。

(5) 戴维南定理是否有适用条件？当电路中出现非线性元件，如二极管时，是否还适用？

六、实验报告要求

(1) 分析误差，讨论误差的可能来源。

(2) 根据误差大小等相关数据，给出你的实验结论：

① 理论是否正确；

② 实验是否达到预期结果，成功与否。

七、实验所涉及知识的实际意义及实际应用

（1）直流电路的实验相对比较简单，但其分析方法和应用却十分广泛。在今后的课程中经常要用到，尤其是这些定理的向量形式在交流分析中经常应用。

（2）预习部分的问题可以根据两点解决：用戴维南定理进行等效，然后测量参数；当负载电阻和电源等效内阻相等时，传输的功率最大。

实验六 一阶 RC 电路的阶跃响应

预习要求：

（1）理解零状态、零输入以及完全响应。

（2）会计算 RC 电路时间常数的理论值。

（3）理解本书中的 0.368、0.632 是如何得到的。

（4）注意共地（重点）！

一、实验目的

（1）理解零状态、零输入以及完全响应。

（2）用示波器观察 RC 电路的零状态、零输入响应。

（3）掌握 RC 电路时间常数的测量方法。

二、实验仪器

DDS 信号发生器	1台
数字示波器	1台
台式万用表	1台
电路实验箱	1台

三、实验原理

1. RC 电路的阶跃响应

如图 5-25 所示，设初始状态下开关 S 接通 3，电容 C 的电压 $U_C=0$。然后将 S 打向 1，此时电源通过电阻向电容充电，电容电压 $U_C = U_{Zst}(t)$；电路稳定后（一般经过 3τ 后可近似看作稳定），将开关打向 3，此时电容通过电阻放电，电容 C 的电压为 $U_C = U_{Zin}(t)$。U_{ipp} 为输入信号的峰峰值。电压波形图如图 5-26 所示。

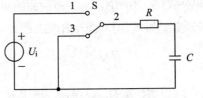

图 5-25 阶跃响应电路图

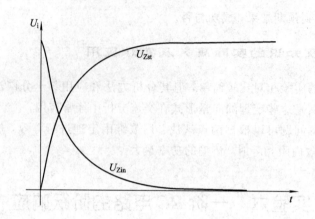

图 5-26 RC 零状态和零输入响应曲线

零状态响应公式如下：

$$U_{Zst}(t) = U_{ipp} \times (1 - e^{-\frac{t}{\tau}}) \tag{5-10}$$

其中，$\tau = RC$。

零输入响应公式如下：

$$U_{Zin}(t) = U_{ipp} \times e^{-\frac{t}{\tau}} \tag{5-11}$$

其中，$\tau = RC$。

2. 激励电压的选择

RC 的充放电过程都是暂态过程，模拟示波器无法直接显示（只有周期信号能稳定显示）。如果要观察这两个过程，必须将这两个暂态过程变成周期的。如果将开关 S 按照一定的周期不断在 1、3 间转换，那么在 RC 两端就会出现周期方波信号，RC 电路就不断充电、放电，那么两个暂态过程就变成周期的了。因此上图 5-25 中的电源和开关可以用一个方波信号代替，如图 5-27 所示。用示波器就可观察电阻、电容两端的电压波形，注意这里测量一定要共地！

R 和 C 上的电压波形和输入信号的频率有关，为了能够看到完全响应的波形，输入信号的周期一定要

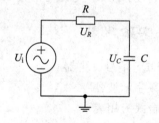

图 5-27 RC 实验电路图

比 RC 电路的时间常数大 5～10 倍。如果输入信号的周期过小，则看到的是不完全响应波形。

3. 时间常数测量

在公式(5-10)中，$U_{Zst}(\tau)$ 的曲线可以用示波器测量得到，U_i 是输入信号的幅度，只有 τ 是未知数。如果在 $U_{Zst}(\tau)$ 曲线上找到 $t = \tau$ 的点，即令 $t = \tau$，那么公式就变为

$$U_C(t) = U_{Zst}(t) = U_{ipp} \times (1 - e^{-\frac{t}{\tau}}) = U_{ipp} \times (1 - e^{-1})$$
$$= U_{ipp} \times (1 - 0.368) = 0.632U_{ipp} \tag{5-12}$$

式(5-12)说明，在 $U_{Zst}(t)$ 曲线（即零状态曲线）上，幅度为 $0.632U_{ipp}$ 的点所对应的时间就是时间常数 τ，如图 5-28 所示。

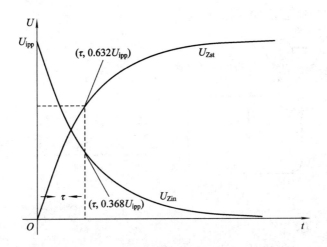

图 5-28   时间常数测量波形

4. 积分电路和微分电路

(1) 如果输入信号的周期远远小于电路的时间常数 τ（即 $\tau \gg T/2$，其比值一般在 10 倍以上），那么 RC 电路就可以看成一个积分电路，如图 5-29 所示。此时，几乎所有的电压都加在电阻 R 上，$u_R(t) \approx u_i(t)$，输出电压为

$$u_o(t) = u_C(t) = \frac{1}{C}\int i(t)\mathrm{d}t = \frac{1}{C}\int \frac{u_R(t)}{R}\mathrm{d}t \approx \frac{1}{RC}\int u_i(t)\mathrm{d}t \qquad (5-13)$$

(2) 如果输入信号的周期远远大于电路的时间常数 τ（即 $\tau \ll T/2$，其比值一般在 10 倍以上），那么 RC 电路就可以看成一个微分电路，如图 5-30 所示。此时，几乎所有的电压都加在电容 C 上，$u_C(t) \approx u_i(t)$，输出电压为

$$u_o(t) = u_R(t) = Ri(t) = RC\frac{\mathrm{d}u_C(t)}{\mathrm{d}t} \approx RC\frac{\mathrm{d}u_i(t)}{\mathrm{d}t} \qquad (5-14)$$

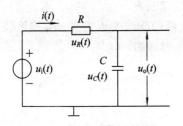

图 5-29   积分电路

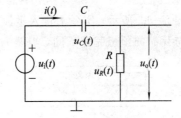

图 5-30   微分电路

5. 共地

对于交流信号，在测量电路中任意元件两端电压时，不能随意用一个探头跨接在其两端。对于非接地元件，这样做极易导致地线短路。

如图 5-31 所示，地线容易短路的原因是：

(1) 示波器探头的地线夹与示波器电源线的地在示波器内部已经连在了一起。

(2) 大多数测量仪器（除了稳压电源）的电源地线、信号地线在仪器内部都是连在一起的。

（3）不同仪器的地也通过电源排插连在了一起。

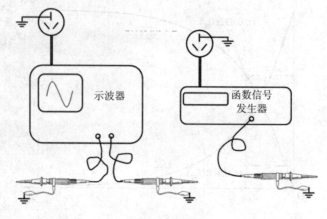

图 5-31　共地

下面列举两个例子。

例 5-1　如图 5-32 所示，如果企图用一个探头测量 C_1 两端的电压，后果将是 R_2 被地线旁路掉。

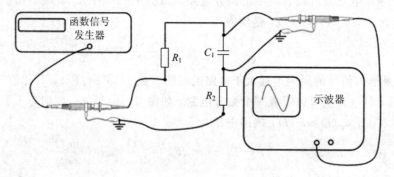

图 5-32　测电容共地错误连接图

如图 5-33 所示，实际上接入示波器探头后，电路结构将变成这样：R_2 被地线旁路了！这显然与我们的预想完全不同，当然测量的结果也是错误的。

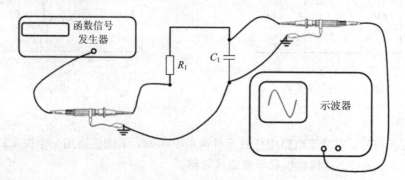

图 5-33　R_2 被短路连接图

例 5-2　图 5-34 中，如果企图测量 R_2 两端的电压，后果将是电源通过示波器探头地线短路，可能损坏示波器和电源！

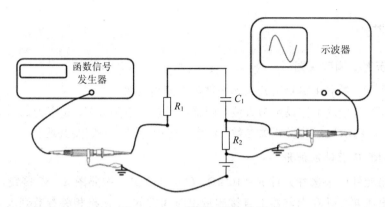

图 5-34 电源被短路连接图

那么我们应该如何正确测量呢？方法有三种。

（1）在不改变电路结构的前提下，可以改变电路中各元件的连接顺序。因此我们可以改变元件的连接顺序后再测量，对于例 1，可以先将 C_1 和 R_2 的连接顺序交换，然后再测量，如图 5-35 所示，此时，示波器和信号发生器的探头满足"共地"要求。

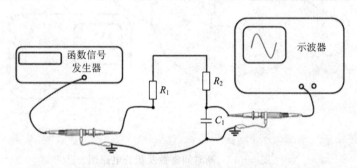

图 5-35 测电容 C_1 共地正确连接图

（2）如果电路中各元件的连接顺序无法改变，可以同时用示波器两个通道测量被测元件两端各自对地的电压，然后将这两个信号相减。比如例 5-2，用示波器两个通道分别测量 R_2 上端对地电压 U_1（CH1 通道）和下端对地电压 U_2（CH2 通道），U_1-U_2 就是 R_2 两端的电压值，如图 5-36 所示。

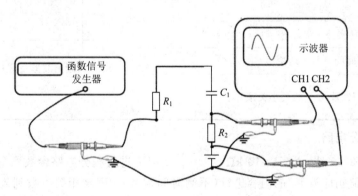

图 5-36 测电阻 R_1 共地正确连接图

（3）使用专门为浮地测量设计的差分探头，这样示波器测量时无需考虑共地的问题。

— 111 —

四、实验步骤

1. 选择元件、调整仪器

（1）按照实验要求在实验箱元件库中选择合适的元件。

（2）将函数信号发生器设定为方波，调整信号峰峰值为 3 V，频率为 2.5 kHz。将信号接入电路，然后用示波器测量相关参数。注意：连接电路时一定要共地！

2. 观察 RC 电路响应波形

在实验箱元件库中选择元件 $R=10\ \text{k}\Omega$，$C=2200\ \text{pF}$，按照图 5-37 接线，用示波器测量电容两端电压 u_C，并在示波器上直接测量出时间常数 τ，记录相关参数到表 5-16 中，在同一坐标系中画出波形及测量时间常数的方法。

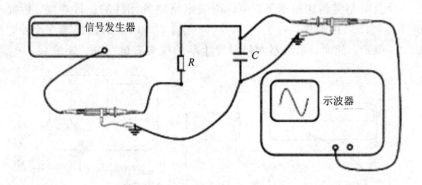

图 5-37 测时间常数及积分电路图

表 5-16 测量并记录 u_C 相关参数及时间常数

参数	u_C	
周期		
电压峰峰值		
测量时间常数 τ		（画出波形及测量方法）
计算时间常数 τ 理论值		
对比时间常数与 $\dfrac{T}{2}$ 的大小关系		

3. 测量积分电路

按照图 5-37 接线，取 $R=10\ \text{k}\Omega$，$C=0.22\ \mu\text{F}$，进行积分电路参数测量。实验步骤按照"观察 RC 电路响应波形"的内容进行（不测时间常数），记录相关参数到表 5-17 中。计算 τ 并把 τ 和输入信号的周期相比较。（注意：u_C 的波形可能很小，需要仔细调节示波器。）

表 5 - 17 积 分 电 路

参数	u_C	
周期		
电压峰峰值		（画出波形）
计算时间常数 τ 理论值		
对比时间常数与 $\dfrac{T}{2}$ 的大小关系		

4. 测量微分电路

按照图 5 - 38 接线, 取 $C = 0.1\ \mu F$, $R = 100\ \Omega$, 进行微分电路参数测量。实验步骤按照"观察 RC 电路响应波形"的内容进行(不测时间常数), 记录相关参数到表 5 - 18 中。计算 τ 并把 τ 和输入信号的周期相比较。

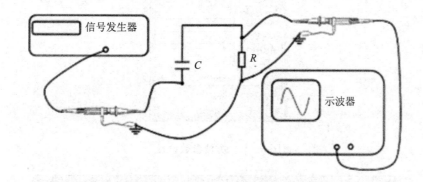

图 5 - 38 测量微分电路图

表 5 - 18 微 分 电 路

参数	u_R	
周期		
电压峰峰值		
计算时间常数 τ 理论值		（画出波形）
对比时间常数与 $\dfrac{T}{2}$ 的大小关系		

5. Multisim 10 仿真分析

1) 时间常数的测量参数设置

(1) 启动 Multisim 10, 搭建如图 5 - 39 所示的仿真电路。注意仿真电路的参数与前面实验电路的参数不同, 可自行选取, 但必须满足条件 $\tau \ll T/2$。

(2) 信号发生器设置为方波, 参数选择如图 5 - 40 所示, 其中 Frequency 为频率, Duty Cycle 为占空比, Amplitude 为幅度, 峰峰值为 3 V 的方波对应的幅度即为 1.5 V, Offset 为直流偏置电压, 为保证最低点电压为 0 V, 我们将此处设置为 1.5 V。

(3) 调节示波器参数, 观察充放电波形, 如图 5 - 41 所示。

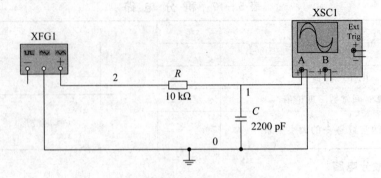

图 5 - 39　测量时间常数仿真电路

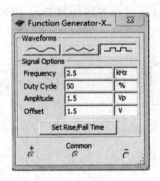

图 5 - 40　方波参数设置

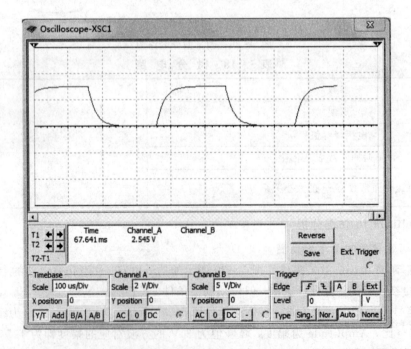

图 5 - 41　电容充放电仿真波形

2）测量时间常数

（1）先测量出该波形的峰峰值，移动示波器上红色的游标（T1）对准初始值（最低点），蓝色游标（T2）对准最高点（终值），相应的电压及两者的差值如图 5-42 所示，测量出的峰峰值为 3 V。

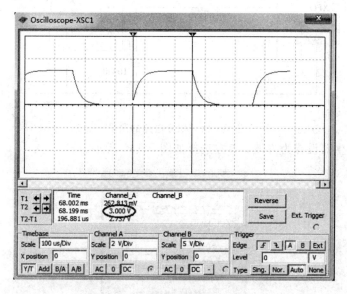

图 5-42　测量电容峰峰电压大小

（2）将蓝色游标（T2）移动到终值的 63.2%，即移动到 $3 \times 0.632 = 1.849$ V 所在位置，因示波器精度问题，图中移动到 2.489 V 所在位置，此时 T1-T2 即为时间常数，由图可见，$\tau = 23.392$ μs，如图 5-43 所示。

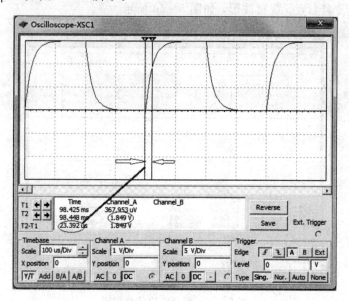

图 5-43　时间常数测量

3）积分电路的测量

（1）搭建如图 5-44 所示的仿真电路。此时采用双通道同时测量输入和输出波形。注意，仿真电路的参数与前面实验电路的参数不同，可自行选取，但必须满足条件 $\tau \gg T/2$。

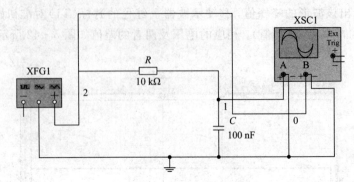

图 5-44　积分电路的测量

（2）信号发生器设置为方波，参数选择如图 5-45 所示。

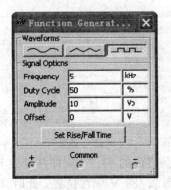

图 5-45　信号发生器参数设置

（3）调节示波器参数，观察波形，如图 5-46 所示。

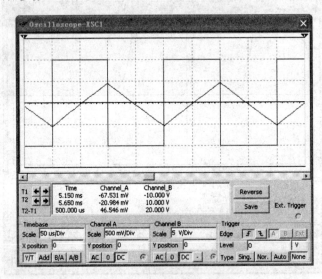

图 5-46　积分电路仿真波形

（4）改变 R 或 C 后，重新仿真，观察波形的变化。

（5）改变输入信号的频率，重新仿真，观察波形的变化。

4）微分电路

（1）启动 Multisim 10，搭建如图 5-47 所示的仿真电路。此时采用双通道同时测量输入和输出波形。注意，仿真电路的参数与前面实验电路的参数不同，可自行选取，但必须满足条件 $\tau \ll T/2$。

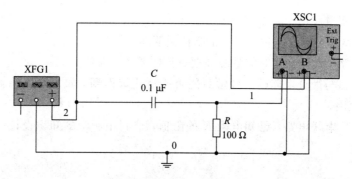

图 5-47　微分仿真电路

（2）信号发生器设置为方波，参数选择如图 5-48 所示。

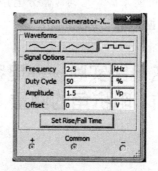

图 5-48　信号发生器的设置

（3）调节示波器参数，观察波形，如图 5-49 所示。

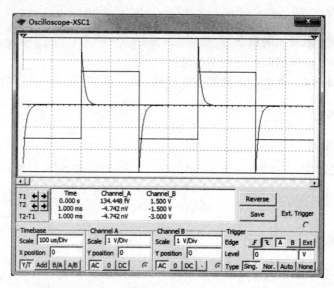

图 5-49　微分仿真电路

(4) 改变 R 或 C 后，重新仿真，观察波形的变化。

(5) 改变输入信号的频率，重新仿真，观察波形的变化。

五、思考题

(1) 为什么测量波形时需要共地？

(2) 积分、微分电路有哪些用处？请举例说明。

(3) 积分电路、微分电路对信号源周期有说明要求，为什么？

(4) 积分电路与微分电路的时间常数能否通过测量得到？如果可以请测量出来，如果不可以请说明原因。

(5) 一个 RC 串联电路，已知电阻 R 的阻值，请利用所学的知识设计一种方法，测量出电容 C 的大小。

六、实验报告要求

(1) 分析误差，讨论误差的可能来源；尤其对微分电路的 u_r 幅度进行分析。

(2) 根据误差大小等相关数据，给出你的实验结论。

实验七　正弦电路实验——电容、电感交流阻抗、阻抗角的测量

预习要求：

(1) 预习正弦电路的内容。

(2) 理解欧姆定律的向量形式。

(3) 有条件的同学可先对电路进行仿真，并打印出结果。

一、实验目的

(1) 理解阻抗、阻抗角的概念。

(2) 熟悉电容、电感的阻抗—频率特性。

(3) 学会测量电感、电容的阻抗以及阻抗角。

二、实验仪器

DDS 信号发生器	1 台
数字示波器	1 台
台式万用表	1 台
电路实验箱	1 台

三、实验原理

1. 无源时不变系统中的交流信号可以用有效值向量表示

对于同频率的一系列信号，表示时可以不考虑信号频率，可用有效值向量 $\dot{U} = U e^{j\omega t} e^{j\theta} =$

$U\angle\theta$ 表示。U 表示信号的有效值（也可以用峰值表示），θ 表示信号与 $\sqrt{2}U\cos(\omega t)$ 的相位差。同样，电流也可以用 $\dot{I}=Ie^{j\omega t}e^{j\theta}=I\angle\theta$ 来表示，I 表示有效值（也可以用峰值表示）。

2. 交流稳态电路满足欧姆定律的向量形式

电路的阻抗 Z 满足：

$$Z=\frac{\dot{U}}{\dot{I}} \tag{5-15}$$

电阻、电容、电感的阻抗分别为

$$Z_R=R \tag{5-16}$$

$$Z_C=\frac{1}{j\omega C} \tag{5-17}$$

$$Z_L=j\omega L \tag{5-18}$$

其中，电阻上的电压和电流相位相同，电容上的电流比电压相位超前 $90°$，电感上的电压比电流超前 $90°$。由于在电路中无法测量电流波形，通常是通过测量电阻上的电压的波形而得到电流波形。

3. 电感、电容的交流阻抗测量方法

RC 电路中，总阻抗为

$$Z=R+\frac{1}{j\omega C}$$

总电流为

$$\dot{I}=\frac{\dot{U}}{Z}=\frac{j\dot{U}\omega C}{j\omega RC+1}$$

电容上的电压为

$$\dot{U}_C=Z_C\dot{I}=\frac{j\dot{U}\omega C}{j\omega RC+1}\times\frac{1}{j\omega C}=\frac{\dot{U}}{j\omega RC+1}$$

显然 $\dot{I}$ 和 $\dot{U}_C$ 相差 $90°$。

RL 电路可以类似证明。

在 RC（或 RL）串联电路中（图 5-50、图 5-51），电容（或电感）上的电流等于电阻上的电流，电阻上电流的相位等于电压的相位，电容（或电感）上的电压和总电流总是相差 $90°$。只要测量出电阻上的电压有效值（或峰峰值），就能得到总电流有效值（或峰峰值），再测得电容上的电压有效值（或峰峰值），就能根据欧姆定律的向量形式得到 Z_C（或 Z_L）。

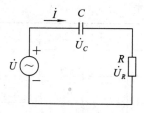

图 5-50　电容阻抗测量方法

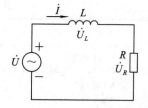

图 5-51　电感阻抗测量方法

4. RC（或 RL，只需要将电容相关参数换成电感的参数）串联电路阻抗角的测量

由于电阻电压 U_R 的相位和电流一致，$Z\frac{\dot{U}}{\dot{I}}=\frac{\dot{U}}{\dot{U}_R}R$，求阻抗角实际就是求总电压 $\dot{U}$ 和

电阻上电压的相位差 $\dot{U}_R$。

（1）相量法。

$$\theta = \arccos \frac{U}{U_R}$$

或者

$$\theta = \arctan \frac{U_C}{U_R}$$

向量法作图如图 5-52 所示。

（2）双踪法。在示波器双通道上分别显示输入信号 $\dot{U}$ 和电阻电压 $\dot{U}_R$ 的波形（等效于总电流的波形），测量两者的时间差 Δt，根据一个周期 T 相位为 $360°$，可以由时间差求出相位差，公式如下：

$$\theta = \frac{\Delta t (\text{总电压与总电流波形峰值时间差})}{T (\text{波形周期})} \times 360°$$

其测量波形图如图 5-53 所示。

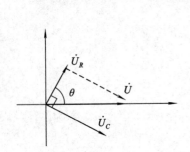

图 5-52　向量图

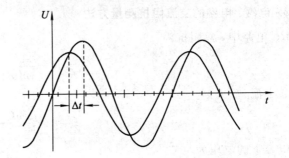

图 5-53　总电压和电阻电压波形图

四、实验步骤

1. 测量电容阻抗频率特性

（1）取 $R = 510\ \Omega$，$C = 0.01\ \mu F$。按照表 5-19 调整信号源频率，输入信号为有效值 2 V，波形为正弦波。

表 5-19　数　据　记　录

f/kHz	4	8	12	16	20	24	28
U_C/V（峰峰值）							
U_R/V（峰峰值）							
$I_R = U_R/R/(\text{mA})$							
$X_C = U_C/I_R/(\Omega)$							
X_C（理论）$/(\Omega)$							
误差							

（2）用示波器测量电阻、电容上的电压峰峰值（注意共地，参见"动态电路"中的实验接法）。根据表中的数据，画出 Z_C-f 的曲线。

2. 测量当信号频率为 16 kHz 时的阻抗角

（1）双踪法：调整信号源频率为 16 kHz，在示波器上双通道同时显示总电压 $\dot{U}$ 和电阻电压 $\dot{U}_R$ 的波形（注意调整电路，使示波器共地），测量出时间差 Δt，根据公式 $\theta = \dfrac{\Delta t}{T} \times 360°$ 计算相位差（阻抗角），并记录波形以及相关参数，填入表 5-20 中。

表 5-20 双踪法和相量法

阻抗角参数测量与计算			双踪法波形（在波形上标出 $U_总$ 和 U_R）
双踪法	测量时间差	$\Delta t =$	
	测量周期	$T =$	
	相位差（阻抗角）$\theta = 360° \times \Delta t / T$	$\theta =$	
相量法	测量 U_C		
	测量 U_R		
	阻抗角 $\theta = \arctan(U_C/U_R)$	$\theta =$	

（2）相量法：根据表 5-20 中测量到的 16 kHz 时的 U_C、U_R 值（注意不能同时测量 U_C、U_R，因为无法满足共地的要求），按照相量法的公式 $\theta = \arctan(U_C/U_R)$ 计算阻抗角，将两种方法所得结果进行对比。

3. Multisim 10 仿真分析

1）交流阻抗的测量

（1）启动 Multisim 10，搭建如图 5-54 所示的仿真电路，图（a）为测量电容电压仿真电路，图（b）为测量电阻电压仿真电路。注意仿真电路的参数与前面实验电路的参数不同，可自行选取（仿真选取电阻 1 kΩ，电容 5 nF）。

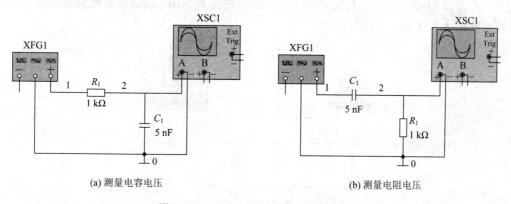

(a) 测量电容电压　　　　　　　　(b) 测量电阻电压

图 5-54　电容电压和电阻电压的测量

（2）信号发生器设置为正弦波，参数选择如图 5-55 所示。

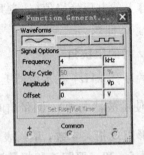

图 5 - 55　信号发生器的设置

（3）调节示波器参数，观察波形，如图 5 - 56 所示，图（a）为测量电容电压波形，其峰峰值为 7.933 V，图（b）为测量电阻电压波形，其峰峰值为 997.218 mV。

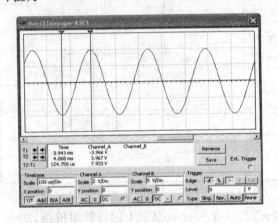

（a）电容电压波形

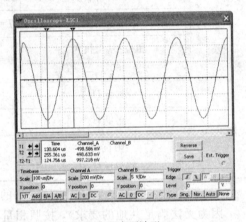

（b）电阻电压波形

图 5 - 56　电容电压波形与电阻电压波形的仿真

（4）按照表 5 - 19 的要求，将输入正弦波频率依次改变，重复测量电容和电阻电压，将测量数据填入表中。

（5）测量完后进行数据处理，计算出电容的容抗。

2）阻抗角的测量

（1）启动 Multisim 10，搭建如图 5 - 57 所示的仿真电路，注意仿真电路的参数与前面实验电路的参数不同，可自行选取。

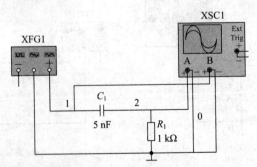

图 5 - 57　阻抗角测量电路

（2）信号发生器设置为正弦波，参数选择如图 5 - 58 所示。

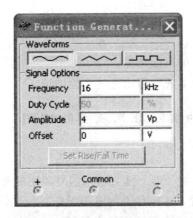

图 5-58 信号发生器设置

（3）调节示波器参数，观察波形，如图 5-59 所示，红色波形为 A 路（U_R），蓝色波形为 B 路（$U_总$）。将红色游标（T1）和蓝色游标（T2）分别移动到 U_R 和 $U_总$ 相邻的两个波峰处，测量出时间差 $T1-T2=10.916~\mu s$。代入公式即可计算出相位差。

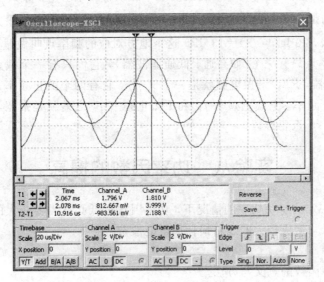

图 5-59 双踪法测量波形

五、思考题

（1）为什么在测量总电流与总电压的阻抗角时，用电阻上的电压波形代替总电流波形？

（2）为什么在测量相位差时，示波器二通道一定要关闭反相功能？

（3）用示波器双踪法测量波形时，得到 u_1、u_2 两个波形，如图 5-60 所示，哪个波形相位超前？为什么？

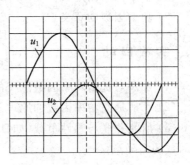

图 5-60 双踪法测量波形

六、实验报告要求

(1) 分析误差,讨论误差的可能来源。

(2) 根据误差大小等相关数据,给出你的实验结论。

七、实验所涉及知识的实际意义及实际应用

1. 幅频特性曲线

在本实验做完后,你可能会发现,随着输入信号频率的升高,电容上的电压越来越低。如果将 RC 电路看作一个系统,电容 C 上的电压看作系统的输出,则这个系统的特性是随着输入信号频率的升高,系统的输出幅度越来越低。如果将输入信号的频率作为横轴,电容的输出幅度作为纵轴,画出的曲线就叫做电路的幅频特性曲线。

2. −3 dB、半功率点

在幅频特性曲线上,把曲线上幅度最高最平坦的部分看作 1,那么当曲线上幅度为这部分的 $1/\sqrt{2}$(大约是 0.707)地方叫做半功率点——因为功率是电压的平方。如果将横坐标用对数表示,那么,$20\ \lg(1/\sqrt{2})=13$ dB。这个地方对应的频率点叫做截止频率。有些幅频特性曲线上半功率点只有一个(如高通、低通滤波器),它们只有一个截止频率;有些有两个点(如带通滤波器,RLC 谐振电路就是一个例子),它有两个截止频率,一个是上截止频率,一个是下截止频率。上截止频率 f_H 和下截止频率 f_L 之差就是带宽,它是说明滤波器(或系统)性能的一个重要参数。

实验八　功率因数的提高

在负载需要一定的有功功率的情况下,功率因数过低必然需要较大的视在功率,导致过大的电压与电流,造成较大的线路损耗而电能浪费。

预习要求:

(1) 提高功率因数的意义与方法。

(2) 功率因数的定义。

(3) 功率因数的意义。

一、实验目的

(1) 加深对提高功率因数意义的认识。

(2) 了解提高功率因数的原理及方法。

(3) 研究并联与感性负载(如日光灯等)的电容器对提高功率因数的作用,认识提高功率因数的实际意义。

二、实验仪器

DDS 信号发生器　　　　　1 台

| 台式万用表 | 1 台 |
| 电路实验箱 | 1 台 |

三、实验原理

1. 功率因数 $\cos\varphi$

功率因数 $\cos\varphi$ 是对电源利用程度的衡量。

φ 是电压与电流的相位差，阻抗辐角，如图 5-61 所示。$Z=R+\mathrm{j}x$，当 $\cos\varphi<1$ 时，电路中发生能量互换，出现无功功率 $Q=UI\sin\varphi$，这样引起两个问题：

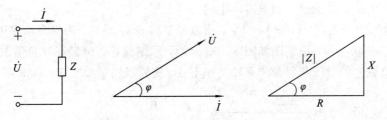

图 5-61 阻抗辐角

（1）电源设备的容量不能充分利用。$S=UI=1000$ kW，$\cos\varphi=1$，则电源可发出的有功功率为 $P=UI=1000$ kW，则无需提供无功功率。若 $\cos\varphi=0.6$，则电源可发出的有功功率为 $P=UI\cos\varphi=600$ kW，而需提供的无功功率为 $Q=UI\sin\varphi=800$ kW，所以提供 $\cos\varphi$ 可使发电设备的容量得以充分利用（S 为视在功率，P 为有功功率，Q 为无功功率）。

（2）增加线路和发电机绕组的功率损耗。

设输电线和发电机绕组的电阻为 r：要求：$P=UI\cos\varphi$（P、U 为定值）时：

$$I\uparrow = \frac{P}{U\cos\varphi\downarrow}\begin{cases}\Delta P = I^2\uparrow r\,(费电)\\ I\uparrow \to S\uparrow\,(导线截面积)\end{cases}$$

所以提高 $\cos\varphi$ 可减少线路和发电机绕组的损耗。提高电网的功率因数有重要的意义。

2. 功率因数 $\cos\varphi$ 低的原因

一般用电设备多属感性负载，且功率因数 $\cos\varphi$ 较低，如异步电动机、变压器、日光灯等。由公式 $P=UI\cos\varphi$ 可知，当负载功率和电压一定时，其功率因数越低，要求的供电电流越大。这将导致电源的利用率不高并增加输电线路上的损耗。

3. 提高功率因数的原则

日常生活中很多负载为感性的，其等效电路及向量关系如图 5-62 所示。提高功率因数的原则是必须保证原负载的工作状态不变，即加至负载上的电压和负载的有功功率不变。

$$\begin{cases}\varphi\downarrow \to \cos\varphi\uparrow\\ \cos\varphi\uparrow \to I\downarrow\end{cases} \tag{5-19}$$

P 是消耗的有功功率，由图 5-62 可推导出公式（5-20）和（5-21）：

$$P = P_R = UI\cos\varphi \tag{5-20}$$

$$\cos\varphi = \frac{P}{UI} = \frac{P}{S} \tag{5-21}$$

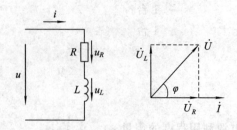

图 5-62 感性负载电路及向量图

其中，S 为视在功率，是交流电源提供给负载的总功率，$S=UI$：$S=\sqrt{P^2+Q^2}$，Q 为无功功率，是交流电路中电感成分和电容产生的。

因为当 U、P 一定时，$\cos\varphi\uparrow\rightarrow I\downarrow$，所以希望将 $\cos\varphi$ 提高，为提高功率因数，可在感性负载的两端并联电容，原理图如图 5-63 所示，原则是：必须保证原负载的工作状态不变，即加至负载上的电压和负载的有功功率不变，实验线路图如图 5-64 和图 5-65 所示。

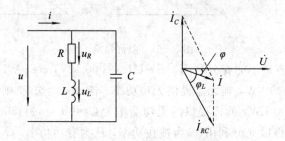

图 5-63 功率因数提高原理

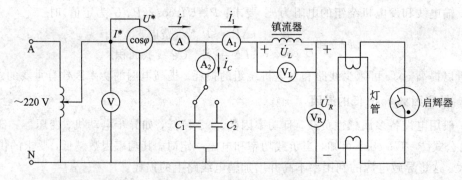

图 5-64 日光灯实验线路图

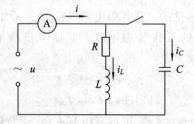

图 5-65 感性负载实验线路图

图 5-64 的感性负载由荧光灯管、镇流器、启辉器组成。当接通电源后，启辉器内发生辉放电，双金属片受热弯曲，触点接通，将灯丝预热使它发射电子，启辉器接通后辉光放

电停止，双金属片冷却，又把触点断开，此时镇流器感应出高电压加在灯管两端使荧光灯管放电，产生大量紫外线，灯管内壁的荧光粉吸收后辐射出可见光，荧光灯就开始正常工作，启辉器相当一只自动开关，能自动接通电路和开端电路。

四、实验内容

(1) 连接电路前完成对日光灯器件的检测：观察日光灯管是否有损伤，并且用万用表检查灯丝是否烧断；检测镇流器、电容器及启辉器等是否断路及损坏。

(2) 按图连接电路。检查电路无误后通电，判断电路是否正常。

(3) 电路正常后分别测量各组数据，测得的数据见表 5-21。

表 5-21　实验数据记录及处理

数据 电容值	实验数据记录及处理										
	U	U_R	U_L	I	I_1	I_C	测量值		理论值		P/W
							$\cos\varphi'$	φ'	$\cos\varphi$	φ	
$C=0$											
$C=1\ \mu\text{F}$											
$C=2.2\ \mu\text{F}$											
$C=4.7\ \mu\text{F}$											

五、思考题

(1) 感性负载采用串联电容的方法是否可提高功率因数？为什么？

(2) 原负载所需的无功功率是否有变化？为什么？

(3) 电源提供的无功功率是否变化？为什么？

六、实验报告要求

(1) 分析误差，讨论误差的可能来源。

(2) 根据误差大小等相关数据，给出你的实验结论。

七、实验注意事项

(1) 注意电容值，以免接入大电容时，电流过大。

(2) 不能带电操作。

第6章 模拟电子技术实验

实验一 单级放大电路

单级放大器是最基本的放大器，虽然实用线路中极少用单级放大器，但是它的分析方法、计算公式、电路的调试技术和放大器性能的测量方法等，都带有普遍的意义，适用于多级放大器。特别需要注意的是，接线时与仪器设备相接的连接线，黑端子是接地端，红端子是信号端，红、黑端子不能颠倒。

预习要求：

（1）复习有关共发射极放大电路的基本原理，了解三极管的三种工作状态。能用给定的晶体管参数计算实验电路的主要指标，以与实验测试结果进行比较分析。

（2）预习实验内容，了解放大电路静态工作点、电压增益、输入电阻、输出电阻的测试方法。

（3）考虑输出波形出现饱和、截止失真时，三极管处于什么工作状态。

一、实验目的

（1）熟悉电子元器件和模拟电子实验箱。

（2）掌握单级共射极放大电路静态工作点的调试及测量方法，分析负载和静态工作点对放大器性能的影响。

（3）掌握放大器性能指标（电压放大倍数 A_u、输入电阻 R_i 和输出电阻 R_o）的测试方法。

二、实验仪器

DDS 信号发生器	1 台
数字台式万用表	1 台
数字示波器	1 台
直流稳定电源	1 台
A1 实验板	1 块

三、实验原理

阻容耦合共射极放大器是单级放大器中最常见的一种放大器，其功能是在不失真的情况下，对输入信号进行放大。（为了用示波器测试方便及记录数据方便起见，对本书实验，交流信号均使用峰峰值。）

1. 静态工作点

为了使放大器能正常工作，必须设置合适的静态工作点；否则，如果静态工作点设置得偏高或偏低，在输入信号比较大时会造成输出信号的饱和失真（见图 6-1(a)）或截止失真（见图 6-1(b)）。

影响静态工作点的因素很多，但当晶体管确定后，主要因素取决于偏置电路，图 6-2 所示电路是采用基极分压式电流负反馈偏置电路，放大器静态工作点 Q 主要由 R_{B1}、R_{B2}、R_E、R_C 及电源电压 $+U_{CC}$ 决定。

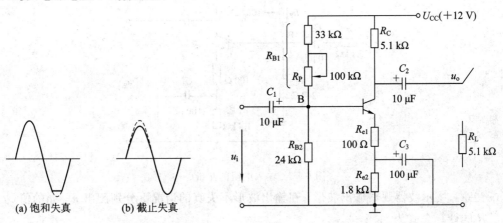

图 6-1 静态工作点对 u_o 波形失真的影响　　　图 6-2 阻容耦合共射极放大电路

当流过偏置电阻 R_{B1} 和 R_{B2} 的电流 I_R 远大于晶体管的基极电流 I_B（即 $I_R \gg I_B$）时，则它的静态工作点可用下式估算：

$$U_{BQ} \approx \frac{R_{B1}}{R_{B1} + R_{B2}} U_{CC} \tag{6-1}$$

$$I_C \approx I_E = \frac{U_E}{R_E} \tag{6-2}$$

$$U_{CEQ} = U_{CC} - I_C(R_C + R_E) \tag{6-3}$$

其中，$R_E = R_{e1} + R_{e2}$。

2. 交流电压放大倍数 A_u

交流电压放大倍数是衡量放大电路放大交流信号电压能力的重要指标，对图 6-2 所示电路，理论分析可得

$$A_u = -\beta \frac{R_C \mathbin{/\mkern-5mu/} R_L}{r_{be} + (1+\beta)R_{e1}} \tag{6-4}$$

式中，r_{be} 为晶体管的输入电阻，$r_{be} = r_{bb'} + \dfrac{(1+\beta)26\ (\mathrm{mV})}{I_{EQ}(\mathrm{mA})}$，$r_{bb'}$ 为晶体管基区体电阻，约为几十到几百欧。

3. 输入电阻

输入电阻 R_i 的大小表示放大电路从信号源或前级放大电路获取电流的多少。输入电阻越大，索取前级电流越小，对前级的影响就越小。

$$R_i = R_{B1} /\!/ R_{B2} /\!/ [r_{be} + (1+\beta)R_{e1}] \tag{6-5}$$

电阻 R_i 的测量有两种方法。

方法一：采用串联电阻法，即在放大电路与信号源之间串入一个已知电阻 R（一般选择 R 的值接近 R_i，以减小测量误差，这里选择 $R=5.1$ kΩ）。输入电阻的测试电路如图 6-3 所示。

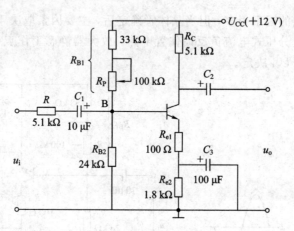

图 6-3 输入电阻的测量（一）

注意：用示波器观察输出波形，在输出波形不失真的情况下分别测出 u_s、u_i 的值。

R_i 的计算公式为

$$R_i = \frac{u_i}{u_s - u_i}R \tag{6-6}$$

方法二（选做）：输入电阻测量原理图如图 6-4 所示。当 $R=0$ 时，在输出电压波形不失真的条件下，用示波器测出输出电压 u_{o1}；当 $R=5.1$ kΩ 时，保持 u_s 幅度不变，测出输出电压 u_{o2}，计算 R_i 的公式为

$$R_i = \frac{u_{o2}}{u_{o1} - u_{o2}}R \tag{6-7}$$

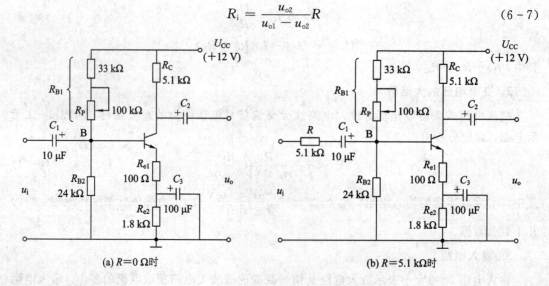

图 6-4 输入电阻的测量（二）

4. 输出电阻

输出电阻 R_o 的大小表示电路带负载的能力。输出电阻越小，带负载能力越强。当 $R_o \ll R_L$ 时，放大器可等效成一个恒压源：

$$R_o = r_o \mathbin{/\mkern-5mu/} R_C \approx R_C \tag{6-8}$$

放大器输出电阻的测量方法如图 $6-5$ 所示。负载电阻 R_L 的取值应接近放大器的输出电阻 R_o，以减小测量误差。分别测量接负载 R_L 时的输出电压 u_{oL} 和未接负载时的输出电压 u_o，输出电阻的计算为

$$R_o = \left[\left(\frac{u_o}{u_{oL}} \right) - 1 \right] R_L \tag{6-9}$$

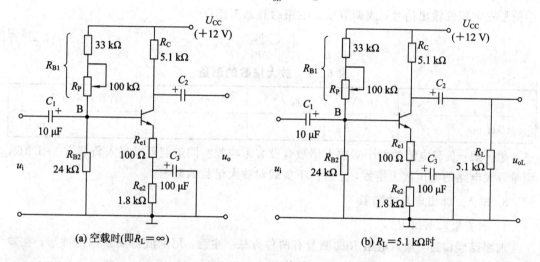

图 $6-5$　输出电阻的测量

四、实验内容

1. 静态工作点的设置及测量

1）电路的连接

（1）先将直流电源调整到 12 V（用万用表测量）。

（2）测量三极管的 β 值，按图 $6-2$ 连接电路，注意电容器 C_1、C_2、C_3 的极性不要接反，检查电路无误后，接通电源。

2）静态工作点的调整

测量静态工作点的方法是不加入输入信号，将放大器输入端接地。为了保证输出的最大动态范围而又不失真，往往把静态工作点设置在交流负载线的中点。

调整静态工作点的方法是改变放大器上偏置电阻 R_{B1} 的大小，即调节电位器的阻值 R_P 的大小。按表 $6-1$ 用数字万用表测量各静态值，完成表 $6-1$ 的内容。（例如可以取 $U_{EQ} \approx 1.9$ V）

电压放大倍数及输入、输出电阻的测量都是在静态工作点没变化的情况下进行测量的。

表 6 - 1　静态工作点的测量

$R_P/\text{k}\Omega$	U_{BQ}/V	U_{EQ}/V	U_{CQ}/V	U_{BEQ}/V	U_{CEQ}/V

注：测量 R_P 的阻值时，应把 R_P 与电路断开(想一想为什么)。

2. 电压放大倍数的测量

接入 $5.1\ \text{k}\Omega$ 负载，调节信号发生器输出正弦波信号，$f=1\ \text{kHz}$，$u_i=100\ \text{mV}$ 左右(即峰峰值)，用示波器观察到放大器输出端有放大，且不失真的正弦波形后，可以用示波器测量峰峰值，求出放大电路的电压放大倍数，填入表 6 - 2 中。(如果输出信号有失真，可以调小信号发生器的输出信号，或调节放大电路的静态工作点。)

$$A_u = \frac{u_{oL}}{u_i} \tag{6-10}$$

表 6 - 2　放大倍数的测量

R_L	β	u_i/V	u_{oL}/V	$A_u=u_{oL}/u_i$	计算理论值 A_u
5.1 kΩ					

想一想：负载电阻的大小对放大倍数有没有影响呢？同学们可以接入负载 $R_L=1\ \text{k}\Omega$，测量放大电路的电压放大倍数，分析一下负载对放大倍数的影响。

3. 输入、输出电阻的测量

1) 测量输入电阻 R_i

前面已经讲过，输入电阻 R_i 的测量有两种方法。注意：用示波器观察输出波形，在输出波形不失真的情况下分别测出 u_s、u_i 的值。

方法一：按图 6 - 3 所示接线。用示波器观察输出波形，在输出波形不失真的情况下分别测出 u_s、u_i 的值，填入表 6 - 3 中。$\left(\text{用公式 } R_i = \dfrac{u_i}{u_s-u_i}R \text{ 计算}\right)$

表 6 - 3　输入电阻的测量(一)

u_s/V	u_i/V	R_i

方法二(选做)：按图 6 - 4 所示接线。用示波器观察输出波形，在输出波形不失真的情况下分别测出 u_{o1}、u_{o2} 的值，填入表 6 - 4 中。$\left(\text{用公式 } R_i = \dfrac{u_{o2}}{u_{o1}-u_{o2}}R \text{ 计算}\right)$

表 6 - 4　输入电阻的测量(二)

u_{o1}/V	u_{o2}/V	R_i

将两种方法的测量结果计算出的 R_i 与理论值比较，分析测量误差。

2) 测量输出电阻 R_o

放大器输出电阻的测量方法如图 6 - 5 所示。负载电阻 R_L 的取值应接近放大器的输出

电阻 R_o，以减小测量误差（比如取 $R_L = 5.1 \text{ k}\Omega$）。用示波器观察输出波形，在输出波形不失真的情况下用示波器测量出电压峰峰值。首先测量 R_L 未接入放大器时的输出电压 u_o，保持输入信号不变，接入 $R_L = 5.1 \text{ k}\Omega$ 后再测量放大器负载上的电压 u_{oL}，完成表 6-5。

表 6-5　输出电阻的测量

u_o/V	$u_{oL}(R_L = 5.1 \text{ k}\Omega)$	$R_o = [(u_o/u_{oL}) - 1]R_L$

4. 观察静态工作点的变化对输出波形的影响（选做）

1）最大不失真输出电压

最大不失真输出电压 u_{omax}，是指不出现饱和失真和截止失真时，放大器所输出的最大不失真输出电压值。最大不失真输出电压的峰峰值为放大器的输出动态范围，用 u_{opp} 表示，$u_{opp} = 2u_{omax}$。测量方法是：在测量电压放大倍数的基础上，逐渐增加输入信号幅度，同时调节 R_P。用万用表测量此时的静态工作点，填入表 6-6 中。

表 6-6　静态工作点对放大器的影响

R_P/Ω	U_{BE}/V	U_E/V	u_o 波形	失真情况
				最大不失真
$R_P = 0 \ \Omega$				

2）观察静态工作点对输出波形的影响

保持输入信号不变，分别增大和减小 R_P，使波形出现失真，绘出 u_o 波形，分析失真原因，说明是饱和还是截止失真，并用万用表测出此时的静态工作点，计入表 6-6 中。

5. Multisim 10 仿真分析

（1）启动 Multisim 10，按图 6-6 所示输入仿真电路。

（2）仿真结果。仿真实验结果如图 6-7 所示。幅度线低的波为输入信号波形，幅度线高的波为输出信号波形。如果工作点过低或过高，则会造成截止失真或饱和失真，如图 6-8 所示。

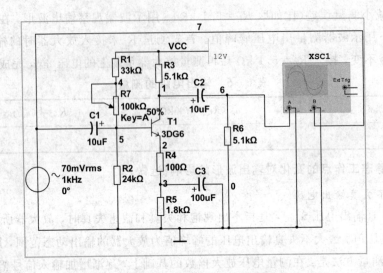

图 6 - 6　仿真电路图

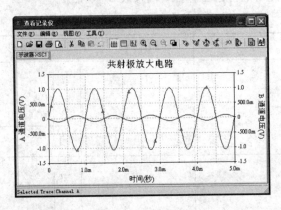

图 6 - 7　仿真结果

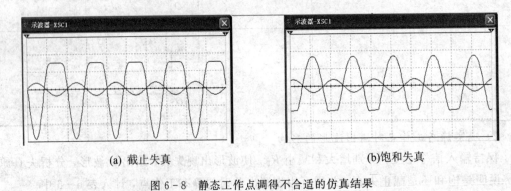

(a) 截止失真　　　　　　　　　　　　　(b) 饱和失真

图 6 - 8　静态工作点调得不合适的仿真结果

五、思考题

(1) 在图 6 - 6 中，上偏置固定电阻 R_1 有什么作用? 如果不要固定电阻而只用电位器，可以吗? 为什么? 怎样改变静态工作点? 电位器 R_P 有什么作用? 测量 R_P 时，要将 R_P 与电路断开，为什么?

（2）静态工作点对放大器的输出波形有何影响？当电路出现饱和或截止失真时，应怎样调整参数？

（3）结合所做的实验试分析：在测量放大器的静态工作点时，如果测得 $U_{CEQ} < 0.5$ V，三极管处于什么工作状态？如果 $U_{CEO} \approx U_{CC}$，三极管又处于什么工作状态？

六、实验报告要求

（1）简单说明实验电路主要工作原理。

（2）认真记录和整理测量数据，按要求填报并画出波形图。

（3）将理论计算结果与实测数据相比较，分析产生误差的原因。

（4）分析并讨论实验中出现的现象和问题。

（5）总结静态工作点对放大器电压放大倍数、输入电阻、输出电阻的影响。分析静态工作点的变化对放大器输出波形的影响。写出实验心得体会。

实验二　差动放大电路

在直接耦合放大电路中，抑制零点漂移最有效的电路结构是差动放大电路。差动放大电路在性能方面有许多优点，理想的差动放大器只对差模信号进行放大，对共模信号进行抑制，因而它具有抑制零点漂移、抗干扰和抑制共模信号的良好作用。差动放大电路在模拟集成电路中得到广泛应用，是电子线路的基本单元电路之一。

预习要求：

（1）复习差动放大器的工作原理及性能分析方法。

（2）阅读实验指导书，熟悉实验内容与步骤。

（3）思考实验中怎样用信号发生器提供双端和单端输入差模信号，以及怎样提供共模信号。

（4）思考进行静态调零时以及用什么仪表测量 U_o。

（5）分析差动放大电路四种接线方式下电压放大倍数的关系。

一、实验目的

（1）熟悉差动放大器工作原理，掌握具有恒流源的差动放大电路静态工作点的调试和主要性能指标（差模电压放大倍数和共模抑制比）的测试。

（2）了解差动放大电路放大差模信号和抑制共模信号的特点。

（3）熟悉基本差动放大电路与具有恒流源的差动放大电路的性能差别，了解提高共模抑制比的方法。

（4）学会使用示波器观察和比较两个电压信号相位关系的方法。

二、实验仪器

DDS 信号发生器	1 台
数字台式万用表	1 台

数字示波器　　　　　　　　　　1 台

直流稳定电源　　　　　　　　　　1 台

A2 实验板　　　　　　　　　　　1 块

三、实验原理

差动放大电路是一种具有两个输入端且电路结构对称的放大电路，其基本特点是只有两个输入端的输入信号间有差值时才能进行放大，即差动放大电路放大的是两个输入信号的差，所以称为差动放大电路(也叫差分放大电路)。差动放大电路的应用十分广泛，特别是在模拟集成电路中，常作为输入级或中间级。

如图 6-9 所示电路，由两个元件参数相同的基本共射极放大电路组成，VT_1、VT_2 为差分对管。VT_3 与 R_1、R_2、R_e 组成恒流源电路，为具有恒流源的差动放大电路，对差动放大器的共模信号具有很强的抑制能力。

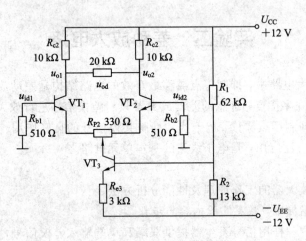

图 6-9　差动放大电路原理图

1. 静态工作点的估算

差分对管、集电极电阻不能保证绝对的对称，因此可采用调零电位器 R_P 来调节 VT_1、VT_2 管的静态工作点，信号不接入，将放大器交流输入端短接到地，调节调零电位器 R_{P2} 使得双端输出电压 $u_o=0$，以调整电路的对称性。

恒流源电路中，

$$I_{C3} \approx I_{E3} \approx \frac{\dfrac{R_2}{R_1+R_2}(U_{CC}+|U_{EE}|)-U_{BE3}}{R_{E3}} \tag{6-11}$$

$$I_{C1} = I_{C2} = \frac{1}{2}I_{C3} \tag{6-12}$$

2. 差模电压放大倍数

两输入端信号电压大小相等、极性相反，即 $u_{i1}=-u_{i2}$，称为差模信号。差动放大电路对差模信号具有放大作用。

差动放大器有 4 种不同的输入、输出信号连接方式，见表 6-7。

表 6-7　差动放大器的连接方式

连接方式	差模电压增益
单端输入-单端输出	$A_{ud(单)} = \dfrac{u_{o1} \text{ or } u_{o2}}{u_{id}}$
单端输入-双端输出	$A_{ud(双)} = \dfrac{u_{o1} - u_{o2}}{u_{id}} = \dfrac{2u_{o1}}{u_{id}} = \dfrac{2u_{o2}}{u_{id}}$
双端输入-单端输出	$A_{ud(单)} = \dfrac{u_{o1} \text{ or } u_{o2}}{u_{id1} - u_{id2}}$
双端输入-双端输出	$A_{ud(双)} = \dfrac{u_{o1} - u_{o2}}{u_{id1} - u_{id2}} = \dfrac{2u_{o1}}{u_{id1} - u_{id2}} = \dfrac{2u_{o2}}{u_{id1} - u_{id2}}$

注意表 6-7 中，u_{id1} 和 u_{id2} 是一对差模信号，即 $u_{id1} - u_{id2} = 2u_{id1} = -2u_{id2}$，带负载测量出的 u_{o1} 和 u_{o2} 也是一对差模信号，即 $u_{o1} - u_{o2} = 2u_{o1} = -2u_{o2}$。

当差动放大器的射极电阻 R_E 足够大，或采用恒流源电路时，差模电压放大倍数 A_{ud} 由输出方式决定，而与输入方式无关。如果将单端输出记为 $A_{ud(单)}$，双端输出记为 $A_{ud(双)}$，则有 $A_{ud(双)} = 2A_{ud(单)}$。

双端输出（R_{P2} 在中心位置时）：

$$A_{ud(双)} = \frac{u_{o1} - u_{o2}}{u_{id}} = \frac{2u_{o1}}{u_{id}} = \frac{2u_{o2}}{u_{id}} \tag{6-13}$$

$$A_{ud(双)} = \frac{u_{o1} - u_{o2}}{u_{id1} - u_{id2}} = \frac{2u_{o1}}{u_{id1} - u_{id2}} = \frac{2u_{o2}}{u_{id1} - u_{id2}} \tag{6-14}$$

单端输出：

$$A_{ud(单)} = \frac{u_{o1} \text{ or } u_{o2}}{u_{id}} \tag{6-15}$$

$$A_{ud(单)} = \frac{u_{o1} \text{ or } u_{o2}}{u_{id1} - u_{id2}} \tag{6-16}$$

3. 共模电压放大倍数和共模抑制比 K_{CMR}

当输入共模信号时，若为单端输出，则有

$$A_{uc1} = A_{uc2} \approx -\frac{R_c}{2R_E} \tag{6-17}$$

若为双端输出，在理想情况下，

$$A_{uc} = \frac{u_{oc}}{u_{ic}} = \frac{u_{oc1} - u_{oc2}}{u_{ic}} \approx 0 \tag{6-18}$$

实际上由于元件不可能完全对称，因此 A_{uc} 也不会绝对等于零。

当差分放大器的两个输入端输入一对共模信号（大小相等，极性相同）时，如果电路参数完全对称，则共模电压增益 $A_{uc} \approx 0$，具有恒流源的差分放大器对共模信号具有很强的抑制能力。为了表征差动放大器对有用信号（差模信号）的放大作用和对共模信号的抑制能力，通常用一个综合指标来衡量，即共模抑制比：

$$K_{CMR} = \left| \frac{A_{ud}}{A_{uc}} \right| \quad 或 \quad K_{CMR} = 20 \lg \left| \frac{A_{ud}}{A_{uc}} \right| \tag{6-19}$$

差动放大器的输入信号可采用直流信号，也可采用交流信号。本实验由函数信号发生器提供频率 $f = 1$ kHz 的正弦信号作为输入信号。

四、实验内容

按图 6-9 连接实验电路，构成具有恒流源的差动放大电路。

1. 测量静态工作点

(1) 调零。按图 6-10 连接电路，将 b_1 和 b_2 短接，交流信号不接入，接入 ±12 V 直流电源，用万用表直流挡测量输出电压 U_o，调节调零电位器 R_P，使 $U_o = U_{c1} - U_{c2} = 0$。（±12 V 直流电源的接法：将直流电源第一路的负极和第二路的正极接在一起，并接到电路板上的地。）

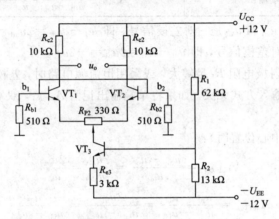

图 6-10 差动放大调零电路

(2) 测量静态工作点。用万用表测量 VT_1、VT_2、VT_3 各极对地电压，填入表 6-8 中。

表 6-8 静态工作点的测试

各点对地电压	U_{C1}	U_{B1}	U_{E1}	U_{C2}	U_{B2}	U_{E2}	U_{C3}	U_{B3}	U_{E3}
测量值/V									

2. 测量差模特性

(1) 单端输入-单端输出。将信号从任意一个交流输入端输入，另外一个交流输入端通过 R_{b2} 接地，其中一个输出端接 10 kΩ 的负载（单端输出负载为双端输出负载的一半），另一个输出端不接负载，连接电路图如图 6-11 所示。调节低频信号源为 $f=1$ kHz，$u_i=0.1$ V（峰峰值）的正弦信号，用示波器测量出 u_{id1}、u_{o1} 的值，将测量值填入表 6-9 中。

表 6-9 测量电压放大倍数

测量及计算值	输入		输出		接入负载	差模电压增益
	u_{id1}/V（峰峰值）	u_{id2}/V（峰峰值）	u_{o1}/V（峰峰值）	u_{o2}/V（峰峰值）	R_L	A_{ud}
单端输入-单端输出	0.1	0	✕		10 kΩ	
单端输入-双端输出	0.1	0			20 kΩ	
双端输入-单端输出	0.05	0.05	✕		10 kΩ	
双端输入-双端输出	0.05	0.05			20 kΩ	

注：在测量信号大小时，均要保证在输出信号波形不失真的情况下测量。

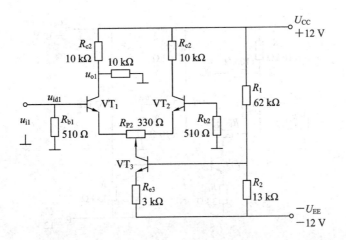

图 6-11 单端输入-单端输出电路

（2）单端输入-双端输出。将信号从任意一个交流输入端输入，另外一个交流输入端通过 R_{b2} 接地，两个输出端之间跨接 20 kΩ 的负载，连接电路图如图 6-12 所示。调节低频信号源为 $f = 1$ kHz，$u_i = 0.1$ V（峰峰值）的正弦信号，用示波器测量出 u_{id1}、u_{o1}、u_{o2} 的值，并用示波器双通道观察 u_{o1}、u_{o2} 的波形，将测量值填入表 6-9 中。

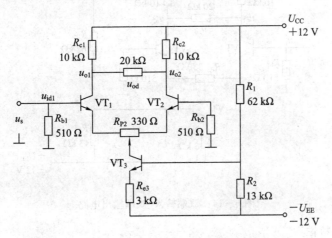

图 6-12 单端输入-双端输出电路

（3）双端输入-单端输出。按图 6-13 所示连接电路图，将信号发生器的 CHA 和 CHB 通道分别接入差动放大电路的两个输入端，使两个输入端的信号为一对大小相等、方向相反的信号，输出端接 10 kΩ 的负载。（差模信号的调节：信号发生器单频——CHB 通道——A 路谐波（按两次）——AB 相差为 180°。）

调节信号发生器为 $f = 1$ kHz，CHA、CHB 通道均为 0.05 V（峰峰值），且相位相差 180° 的正弦信号（即 $u_{id1} = u_{id2} = 0.05$ V（峰峰值））。此时，用示波器测量 u_{o1} 的值，填入表 6-9 中。

（4）双端输入-双端输出。按图 6-14 所示连接电路图，调节信号发生器为 $f = 1$ kHz，CHA、CHB 通道均为 0.05 V（峰峰值），且相位相差 180° 的正弦信号（即 $u_{id1} = u_{id2} = 0.05$ V（峰峰值））。此时，用示波器的两个通路同时观察 u_{o1} 和 u_{o2} 的波形，双端输出就是两输出端

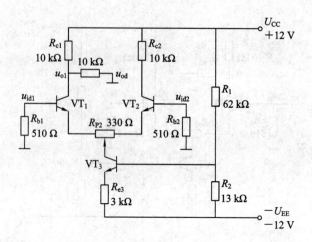

图 6-13　单端输入-双端输出

信号的电位差（注意两输出信号的相位关系）。同时测量 u_{o1} 和 u_{o2} 的值并记录在表 6-9 中。

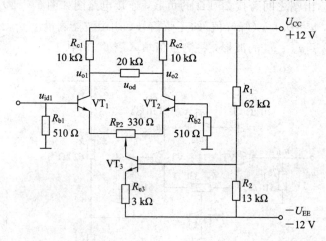

图 6-14　双端输入-双端输出电路

3. 测量共模特性

将输入端 b_1、b_2 短接，接到信号源的输入端。

本实验要求测量单端输出的共模抑制比，连接电路图如图 6-15 所示。调节信号发生器输出正弦信号 $f=1$ kHz，$u_{ic}=0.5$ V（峰峰值）和 1 V（峰峰值）时，用示波器观察输出波形情况，并测量其电压峰峰值。将测量结果填入表 6-10 中，求出共模电压放大倍数 A_{uc}，并与单端输入-单端输出时的差模电压放大倍数进行比较，求出共模抑制比。

表 6-10　共模放大倍数的测量

u_{ic}	u_{oc1}/mV	$A_{uc}=u_{oc1}/u_{ic}$	$K_{CMR}=\lvert A_{ud}/A_{uc}\rvert$
0.5 V（峰峰值）			
1 V（峰峰值）			

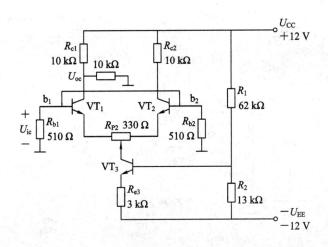

图 6-15　测量共模电压放大倍数

4. 测量传输特性——单端输入-单端输出（选做）

差动放大电路的传输特性，即输出差模信号随输入差模信号的变化规律。将输入信号与示波器的 CH1 通道相接，输出信号与示波器的 CH2 通道相接，并将示波器的扫描方式设为"X-Y"方式，如图 6-16 所示。输入信号 $f=1\ kHz$，$u_{id}=0.1\ V$（峰峰值），逐渐增大输入信号的幅度，直到观测到图 6-17 为止。

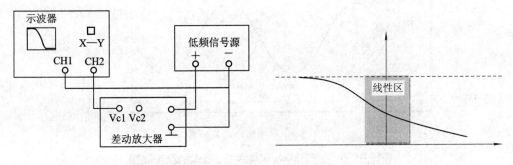

图 6-16　传输特性接线图　　　　　　图 6-17　传输特性曲线

描绘出差模输入电压 u_i 与输出电压 u_o 的关系曲线 $u_o=f(u_i)$（即传输特性曲线），指出此差放电路的最大差模输入和差模输出信号电压值。

5. Multisim 10 仿真分析

（1）启动 Multisim 10，测量双端输入-双端输出时的波形。按图 6-18 连接电路，用示波器同时测量两输入端的波形。

（2）仿真结果。测量双端输出信号波形时，可以采用示波器观察单端输出的波形，再将两波形相减得到双端输出电压波形。两个输出端输出电压的交流成分大小相等、方向相反，由于输出端没有隔直电容，因此输出中叠有直流分量，在此我们设置示波器 A、B 通道的耦合方式为 AC 方式。

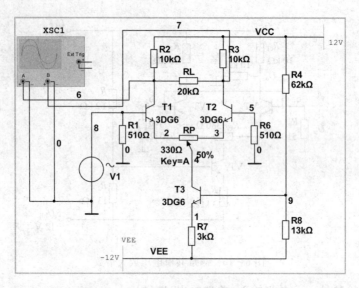

图 6-18   仿真电路图

双端输出仿真实验结果如图 6-19 所示。细线波形为输入信号波形，粗线波形为输出信号波形，传输特性仿真结果如图 6-20 所示。

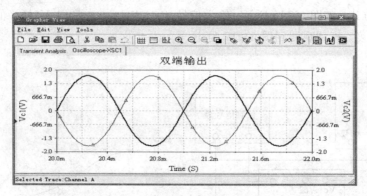

图 6-19   双端输出仿真结果

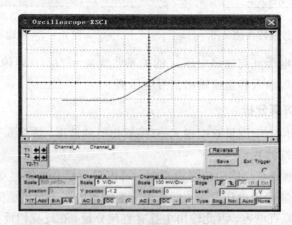

图 6-20   传输特性仿真结果

五、思考题

（1）R_{P2}有何作用？

（2）用固定电阻代替恒流电路，K_{CMR}与恒流电路相比有何区别？

（3）能否用电压毫伏表直接在"U_{o1}"和"U_{o2}"两点测双端输出U_o？若不能又如何测量U_o（双）？

（4）差动放大电路4种接法的电压放大倍数有什么关系？

六、实验报告要求

（1）简单说明实验主要工作原理。

（2）整理实验数据，计算出4种接法的差模增益，用坐标纸绘出波形图。

（3）计算单端输入和单端输出共模抑制比。

（4）总结具有恒流源的差动放大器的性能和特点。

实验三　互补对称功率放大器

功率放大电路通常是电子设备的输出级，它的基本功能是向负载提供大功率输出，即具有一定的输出电压幅度和输出电流能力。因此，在相同的电源电压下，功率放大电路具有两大特点：一是静态功耗低、电源转换效率高；二是输出电阻低、带负载能力强。

预习要求：

（1）复习 OTL 电路的工作原理，以及有关运算放大器单电源运用的理论知识。

（2）复习功率放大器的测试方法。

（3）用 Multisim 软件对所需完成的实验进行仿真，并记录仿真结果以便与实验所测数据进行比较。

一、实验目的

（1）掌握分立 OTL 功率放大电路的工作原理及其基本调试方法。

（2）掌握功率放大电路主要性能指标的基本分析方法。

（3）理解影响功率放大电路性能指标的常见因素。

二、实验仪器

DDS 信号发生器	1 台
数字台式万用表	1 台
数字示波器	1 台
直流稳定电源	1 台
A4 实验板	1 块

三、实验原理

图 6-21 采用单电源供电的互补对称功率放大器，图中 VT_1 组成前置放大级，VT_2、VT_3 组成互补对称电路输出级。功率管 VT_2 为 NPN 型管，VT_3 为 PNP 型管，它们的参数相等，互为对偶关系，均采用发射极输出模式。在输入信号 $u_i=0$ 时，一般只要调节 R_P 为适当值，就可使 I_{C1}、U_{B2} 和 U_{B3} 达到所需大小，给 VT_2 和 VT_3 提供一个合适的偏置，从而使 M 点电位 $V_M=U_{CC}/2$。

当有信号 u_i 时，在信号的负半周，VT_2 导通，有电流通过负载 R_L，同时向 C_3 充电；在信号的正半周，VT_3 导通，则已充电的电容 C_3 起着负电源的作用，通过负载 R_L 放电。

限流保护电阻 $R_5=R_6=1\ \Omega$，静态时，通常 M 点电位 $V_M=U_{Co}\sqrt{a^2+b^2}=\dfrac{U_{CC}}{2}$，$U_{B2}-U_{B3}=2U_D$，电路处于临界导通状态，静态功耗很低。为了提高电路工作点的稳定性能，将 M 点通过电阻分压器 $(R_1、R_P)$ 与前置放大器的输入相连，以引入负反馈。

两个二极管 VD_1、VD_2 供给 VT_2 和 VT_3 一定的正偏压，使两管在静态时处于微导通状态，以克服交越失真。

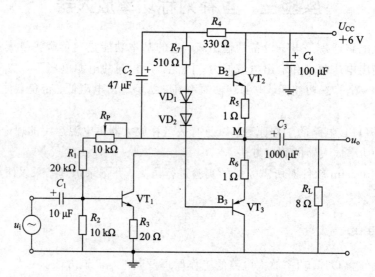

图 6-21 OTL 功率放大电路

若令功率管的饱和压降为 U_{CES}，则 OTL 电路能够输出的最大不失真功率 P_{om}、直流电源提供的功率 P_V、转换效率 η、最大输出功率时的晶体管总管耗 P_T 分别为

$$P_{om}=\frac{U_{om}^2}{R_L}=\frac{\left(\dfrac{U_{CC}-U_{CES}}{2}\right)^2}{2R_L}\approx\frac{U_{CC}^2}{8R_L} \tag{6-20}$$

$$P_V=U_{CC}I_{CC}=\frac{U_{CC}\left(\dfrac{U_{CC}-U_{CES}}{2}\right)}{\pi R_L}\approx\frac{U_{CC}^2}{2\pi R_L} \tag{6-21}$$

$$\eta=\frac{P_{om}}{P_V}=\frac{\pi\left(\dfrac{U_{CC}}{2}-U_{CES}\right)}{2U_{CC}}\approx\frac{\pi}{4} \tag{6-22}$$

$$P_\mathrm{T} \approx P_\mathrm{V} - P_\mathrm{om} \tag{6-23}$$

其中，U_om 为 R_L 两端最大不失真输出电压的有效值，I_CC 是直流电压源提供的平均电流。

四、实验内容

1. 连接电路

参照图 6-21 连接实验电路。

2. 静态工作点的测试

先调节 R_P 使 M 点的电位 $V_\mathrm{M} = \dfrac{1}{2} U_\mathrm{CC}$，再输入音频信号，逐渐加大输入信号幅度，用示波器观察输出波形，再次调节 R_P 使输出波形对称不失真。测量各级静态工作点，记入表 6-11 中。

表 6-11　静态工作点的测量

	VT_1	VT_2	VT_3
U_B/V	✕		
U_C/V			
U_E/V	✕		

3. 额定功率的测量

额定功率指功率放大器输出失真度小于某一数值（如 $\gamma < 3\%$）时的最大功率。输入频率为 $f = 1\,\mathrm{kHz}$ 的正弦信号，幅度可自己选择，用示波器观察输出信号的波形。逐渐改变输入信号的幅度，直到刚好使输出波形出现最大不失真为止，此时的输出电压为最大不失真电压 U_om（有效值），输出功率为最大不失真功率。根据公式（6-20）来计算最大不失真功率 P_om。用双踪示波器同时观察 u_i 和 u_o 的波形，并完成表 6-12。

表 6-12　额定功率的测量

	输出达到要求	波　　形
输入信号	$u_\mathrm{im} =$	u_i 图
	$f =$	
输出信号	$u_\mathrm{om} =$	u_o 图
	$f =$	
	$P_\mathrm{om} =$	

4. 测量效率 η

$$\eta = \frac{P_\mathrm{om}}{P_\mathrm{V}} \times 100\% \tag{6-24}$$

式中，P_om 为输出的额定功率，P_V 为输出额定功率时所消耗的电源功率。

理想的情况下，$\eta_{max} = 78.5\%$。实验中，可测量电源供给的平均电流 I_{CC}，从而求得 $P_V = I_{CC} \times U_{CC}$。

I_{CC} 的测量方法为：在测额定功率的基础上，拔掉直流稳压源与"$+U_{CC}$"插孔之间的连接线；将数字万用表红表笔插入 2 A 插孔，台式万用表的红表笔接直流稳压源的"$+$"接线柱，台式万用表的黑表笔接功率电路的"$+U_{CC}$"插孔，选择台式万用表的"DCA"按键，读出 I_{CC}。其测量示意图如图 6 - 22 所示。

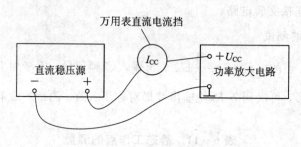

图 6 - 22　I_{CC} 的测量示意图

5. 输入灵敏度的测量

输入灵敏度是指输出最大不失真功率时的输入信号 u_{im} 的有效值。只要测出输出功率 $P_o = P_{om}$ 时的输入电压值，即可得到输入灵敏度 u_{im}。

6. 频率响应的测量

放大器的幅频特性是指放大器的电压放大倍数 A_u 与输入信号频率 f 之间的关系曲线，设 A_{um} 为中频电压放大倍数，通常规定电压放大倍数随频率变化下降到中频（f_o 为 1000 Hz）放大倍数的 $1/\sqrt{2}$ 倍，即 $0.707A_{um}$（电压增益下降 3 dB）所对应的频率分别称为下限频率 f_L 和上限频率 f_H，则通频带 $B_W = f_H - f_L$，称 $f_L \sim f_H$ 为放大器的频率响应，如图 6 - 23 所示。

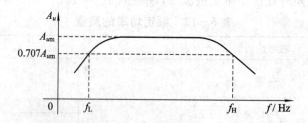

图 6 - 23　幅频特性曲线

实验中，可以通过以下步骤来测量放大器的频率响应：

（1）输入信号频率为 1 kHz，输入信号 u_i 的幅度减半（u_{i1}），测量此时的输出电压，记为 u_{o1}。

（2）保持 u_{i1} 幅度不变，增加信号源的频率 f，约为 1～5 MHz，测量输出电压，当输出电压下降为 $0.707u_{o1}$ 时，对应的信号源频率即 f_H（可把图中的 A_u 看成 u_{o1}），记下该频率（约为 1～5 MHz），填入表 6 - 13 中。

（3）保持 u_{i1} 幅度不变，减小信号源的频率 f，约为 10～25 Hz，测量输出电压，当输出电压下降为 $0.707u_{o1}$ 时，对应的信号源频率即 f_L（可把图中的 A_u 看成 u_{o1}），记下该频率，填入表 6 - 13 中。

表 6 - 13　实验数据记录表

	f_L	f_o	f_H
f/Hz		1000 Hz	
U_o/V			
A_u			

7. 噪声电压的测量

测量时将信号发生器去掉,输入端对地短路($u_i=0$),通过示波器观察输出负载 R_L 上的噪声波形,并用交流毫伏表测量输出电压,即为噪声电压 u_N。

8. Multisim 10 仿真分析

(1)编辑原理电路。图 6 - 24 为分立的 OTL 功率放大器仿真电路(其中 NPN 型三极管 9014 可用 Multisim 10 中 2N3904 代替,NPN 型三极管 8050 和 PNP 型三极管 8550 可以用 Multisim 10 中 2N5551 和 2N5401 代替)。

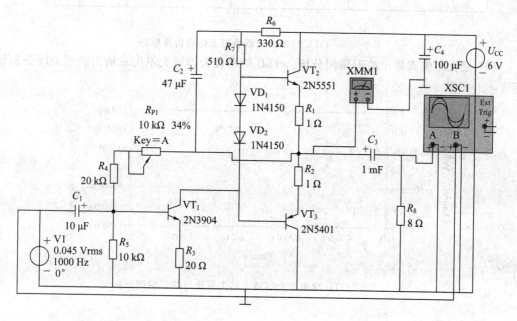

图 6 - 24　OTL 功率放大器仿真电路

(2)静态工作点的测试。静态工作点仿真电路如图 6 - 25 所示,按动滑动变阻器 R_P 的控制键 A,将 R_2 对地的直流电压值调为 $U_{CC}/2$,三只晶体管的静态工作电压仿真结果如表 6 - 14 所示。

表 6 - 14　静态工作点仿真记录表

仿真结果	VT₁	VT₂	VT₃
U_B	746.774 mV	3.71 V	2.343 V
U_C	2.998 V	6 V	0
U_E	54.872 mV	3.001 V	2.996 V

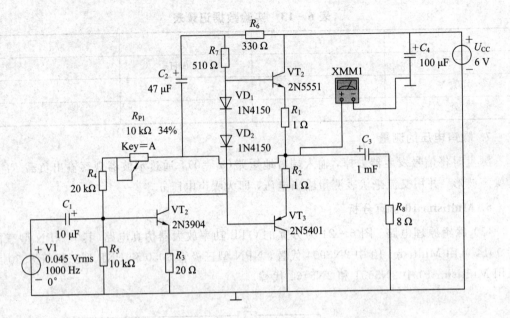

图 6-25 OTL 功率放大器静态工作点仿真电路

(3) 最大不失真输出波形瞬间分析。OTL 功率放大器最大不失真输出波形瞬间分析如图 6-26 所示。

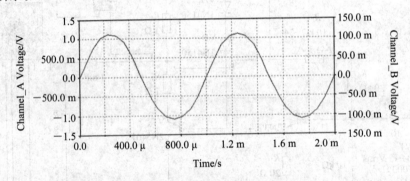

图 6-26 OTL 功率放大器最大不失真输出波形瞬间分析

五、思考题

(1) 为什么要调整 $V_M = \frac{1}{2}U_{CC}$?

(2) 何时功率管的管耗最高? 实验电路中若不加输入信号, VT_2、VT_3 的功耗是多少?

(3) 交越失真产生的原因是什么? 实验电路中是怎样克服交越失真的?

(4) 功率放大电路与电压放大电路的基本区别是什么?

(5) 如电路有自激现象, 应如何消除?

六、实验报告要求

(1) 整理实验数据, 计算静态工作点、最大不失真输出功率 P_{om}、效率 η、输入灵敏度等，并与理论值进行比较，画出频率响应曲线。

（2）讨论 OTL 电路的特点和调试方法。

（3）对实验中观察到的现象进行讨论。

（4）写出完成本次实验后的心得体会以及对本次实验的改进意见。

（5）回答思考题。

实验四　集成运算放大器的应用

集成运算放大器是一种高性能多级直接耦合电压放大电路。若在运放电路中引入电压负反馈，在满足理想运放条件时，在其输入与输出电压间可实现多种线性函数运算关系。

预习要求：

（1）复习相关教材中有关集成运放线性应用部分的内容，并根据实验电路参数计算各电路输出电压的理论值。

（2）理解典型运算电路的基本设计和调试方法。

（3）选择使用所需的仪器设备，重温它们的基本使用方法。

（4）为了不损坏集成块，实验中应注意什么问题？

（5）用 Multisim 软件对所需完成的实验进行仿真，并记录仿真结果，以便与实验所测数据进行比较。

一、实验目的

（1）研究运算放大器在模拟运算中具有比例放大、相加、相减、积分和微分的功能。

（2）加深对集成运算放大器特性和参数的理解。

（3）熟悉集成运算放大器的基本线性应用。

（4）掌握比例运算电路的基本分析方法。

二、实验仪器

DDS 信号发生器	1 台
数字台式万用表	1 台
数字示波器	1 台
直流稳定电源	1 台
A3 实验板	1 块

三、实验原理

1. 理想运算放大器的特性

本实验采用的集成运放型号为 μA741(或 F007)，引脚排列如图 6-27 所示，它是八脚双列直插式组件，②脚和③脚为反相和同相输入端，⑥脚为输出端，⑦脚和④脚为正、负电源端，①脚和⑤脚为失调调零端，①、⑤脚之间可接入一只几十到几百 kΩ 的电位器并将滑动触头接到负电源端，⑧脚为空脚。

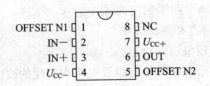

图 6-27 μA741 集成运放引脚图

如图 6-28 所示为 μA741 集成运放的内部电路图。图中差动输入级是由 VT₁～VT₆ 组成的互补共集-共基差动放大电路。纵向的 NPN 型管 VT₁、VT₂ 组成共集电极电路，可以提高输入电阻，横向的 PNP 型管 VT₃、VT₄ 组成共基极电路，配合 VT₅、VT₆ 和 VT₇ 组成有源负载，有利于提高输入级的电压放大倍数、最大差模输入电压和扩大共模输入电压的范围。另外，带缓冲级的镜像电流源使有源负载两边的电流更加对称，也有利于提高输入级抑制共模信号的能力。电阻 R_2 用来增加 VT₇ 的工作电流，避免因 VT₇ 的工作电流过小，使 β_7 下降而减弱缓冲作用。

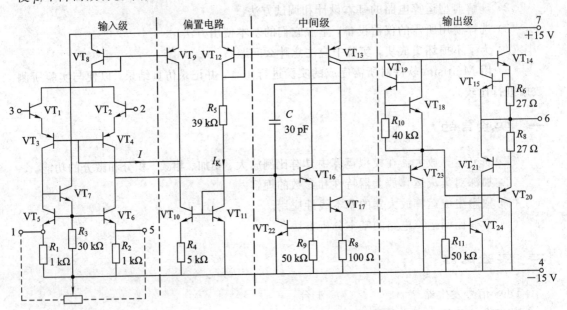

图 6-28 μA741 集成运放内部电路图

中间级由 VT₁₆ 和 VT₁₇ 组成复合管共发射极放大电路，集电极负载为 VT₁₃ 所组成的有源负载，因有源负载的交流电阻很大，所以本级可以得到较高的电压放大倍数，同时由于射极电阻的存在，且 VT₁₇ 接于 VT₁₆ 的发射极的接法也使该级电路具有较大的输入电阻。VT₁₇ 的集电极与 VT₁₆ 基极间的电容 C 用作相位补偿，以消除自激，通常容量较小。

由 VT₁₄ 和 VT₂₀ 组成互补对称输出级，VT₁₈ 和 VT₁₉ 接成二极管的形式，利用 VT₁₈ 和 VT₁₉ 的 PN 结压降使 VT₁₄ 和 VT₂₀ 处于微导通状态，以消除交越失真。

在集成运放的输入、输出端之间加上反馈网络可实现各种不同的电路功能。本实验主要研究一些集成运放的基本线性应用电路，研究的前提基于运放理想化，即电路的 $R_i \approx \infty$，$I_i \approx 0$，$U_+ \approx U_-$。

2. 基本运算电路

1) 比例运算电路

比例运算的通式为

$$u_\circ = Ku_i \qquad\qquad (6-25)$$

由运放构成的比例运算电路，实质上是利用运放在线性应用时具有"虚断($i_+ = i_- = 0$)"、"虚短($u_+ - u_- = 0$)"的特点，通过调节电路的负反馈深度，从而实现特定的电压放大倍数，即比例系数 K。

（1）反相比例运算电路。为运放引入电压并联负反馈即可实现反相比例运算。由"虚短"和"虚断"的概念可知，运放的 $u_+ = u_- = 0$（简称"虚地"），说明运放的共模输入电压接近于 0。

根据负反馈理论和"虚断"、"虚地"的概念，很容易求得反相比例运算电路，其性能指标为

$$A_u = \frac{u_\circ}{u_i} = -\frac{R_f}{R_1} = K \qquad\qquad (6-26)$$

$$R_i = R_1 \qquad\qquad (6-27)$$

$$R_\circ = 5.1 \text{ k}\Omega \qquad\qquad (6-28)$$

由式(6-26)可知，反相比例运算电路的比例系数 $K < 0$，说明电路的输入、输出信号总存在反相的关系，这与输入信号 u_i 通过电阻 R_1 送入运放的反相输入端一致。当 $R_f = R_1$ 时，$K = -1$，就构成了反相器。反相比例运算电路的共模输入电压很小，带负载能力又很强，不足之处是它的输入电阻不很高，使用时要注意。为了保障电路的运算精度，设计电路时除了要选用高精度运放外，还要选用稳定性好的高精度电阻器。电阻的取值不宜太小，一般在几十千欧至几百千欧范围。为了进一步减小失调现象，要求在零输入情况下电路的结构对称，运放的反相等效输入电阻 R_- 应等于同相等效输入电阻 R_+，即 $R_1 \parallel R_f = R_P$。

在集成运放的输入、输出端之间加上反馈网络可实现各种不同的电路功能。典型的反相比例运算电路如图 6-29 所示。

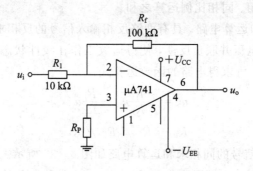

图 6-29　反相比例运算电路

其中，$+U_{CC} = +12$ V，$-U_{EE} = -12$ V。

（2）同相比例运算电路。若为运放引入电压串联负反馈即可实现同相比例运算。典型的同相比例运算电路如图 6-30 所示。由"虚短"、"虚断"的概念可推知，运放的 $u_- = u_+ = u_i$，说明运放的共模输入电压决定于输入信号的大小。

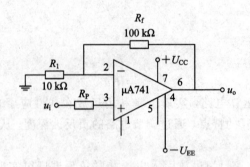

图 6 - 30　同相比例运算电路

同相比例运算电路的基本性能指标为

$$A_u = \frac{u_o}{u_i} = 1 + \frac{R_f}{R_1} \tag{6-29}$$

$$R_i = \infty \tag{6-30}$$

$$R_o = 0 \tag{6-31}$$

同相比例运算电路的比例系数 $K \geqslant 1$，说明电路的输入与输出信号为同相关系，这与输入信号 u_i 通过电阻 R 送入运放的同相输入端相吻合。当 $R_f = 0$ 或者 $R_1 = \infty$ 时，$K = 1$，就构成了同相电压跟随器。同相比例电路由于具有较高的输入电阻、较低的输出电阻，常被用作系统电路的缓冲级或隔离级。与反相比例电路类似，要实现同相比例运算，对运放和电阻的精度有较高的要求，电阻的取值范围一般在几十千欧到几百千欧，并且要求电路的平衡对称电阻相等，即 $R_- = R_+$，$R_1 // R_f = R_P$。

2）求和、差运算电路

求和运算的通式为

$$u_o = \sum (\pm K_i u_{Ii}) \tag{6-32}$$

其中，$i = 1, 2, 3, 4, \cdots$

显然，它是多个反相、同相比例运算之和。

（1）反相、同相求和运算电路。具有两路反相输入信号的反相求和运算电路如图 6 - 31 所示。由于电路引入了电压并联负反馈，使得运放工作在线性状态，因而运用叠加定理和"虚地"、"虚断"的概念，可求得电路的函数运算式：

$$u_o = -\frac{R_f}{R_1} u_{i1} - \frac{R_f}{R_2} u_{i2} \tag{6-33}$$

$$R_P = R_1 // R_2 // R_f \tag{6-34}$$

具有两路同相输入信号的同相求和运算电路如图 6 - 32 所示。由于电路引入了电压串联负反馈，在满足运放两输入端平衡电阻 $R_1 // R_2 = R_P // R_f$ 的条件下，同样可以运用叠加定理和"虚短"、"虚断"的概念求得电路所实现的函数运算式：

$$u_o = \frac{R_f}{R_1} u_{i1} + \frac{R_f}{R_2} u_{i2} \tag{6-35}$$

同相求和运算电路中的比例系数 K_i 总是大于等于 0。当电阻 $R_f = R_1 = R_2$ 时，式 (6-35) 可以表示为 $u_o = u_{i1} + u_{i2}$。

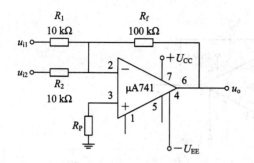

图 6-31　反相求和运算电路

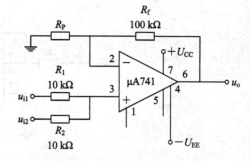

图 6-32　同相求和运算电路

（2）减法器（差动放大器）运算电路。差动放大器运算电路如图 6-33 所示。当运算放大器运算的同相端和反相端分别输入信号 u_{i1} 和 u_{i2} 时，输出电压为

$$u_o = -\frac{R_f}{R_1}u_{i1} + \left(1 + \frac{R_f}{R_1}\right)\frac{R_P}{R_2 + R_P}u_{i2} \tag{6-36}$$

其中，$R_P = R_f = 100\ \mathrm{k\Omega}$，输出电压为

$$u_o = \frac{R_f}{R_1}(u_{i2} - u_{i1}) \tag{6-37}$$

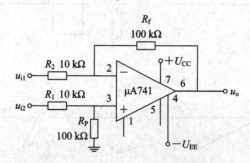

图 6-33　差动放大器运算电路

3）积分和微分运算电路

积分与微分运算电路除了可用于数学运算，还常被用于波形的产生与变换，以及自控系统中的调节环节。

（1）积分运算电路。利用电容电压与电容电流的积分成正比的关系，可得到如图 6-34 所示的反相积分电路的原理图。根据反相输入端为"虚地"的概念，有

$$i_i = \frac{U_i}{R_1} = i_C \tag{6-38}$$

因此，积分运算的通式为

$$u_o(t) = -\frac{1}{C}\int_0^t i_C\,\mathrm{d}t = -\frac{1}{RC}\int_0^t u_i(t)\,\mathrm{d}t \tag{6-39}$$

输出电压是输入电压的积分，其中积分常数为

$$\tau = RC \tag{6-40}$$

积分器的输入电阻为 $R_i = R = R_1$。为了减少输入偏置电流的影响，同相端的平衡电阻应取 $R_P = R_1$。当 $U_i(t)$ 的波形是幅度为 E 的阶跃电压时

$$u_o(t) = -\frac{1}{R_1C}\int_0^t E\,\mathrm{d}t = -\frac{Et}{R_1C} \tag{6-41}$$

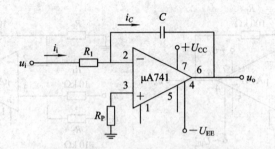

图 6 - 34 反相积分电路原理图

式(6-41)说明,在阶跃电压作用下,输出电压的相位与输入电压的相位相反,输出电压 $u_o(t)$ 随着时间的增长而线性下降,直到放大器出现饱和,如图6-35(a)所示,从式(6-40)可知,当 $t=R_1C$ 时,$u_o(t)=-E$。当 $U_i(t)$ 是对称方波时,输出电压 $u_o(t)$ 的波形为对称的三角波,且输出电压的相位与输入电压的相位相反,如图 6-35(b)所示。

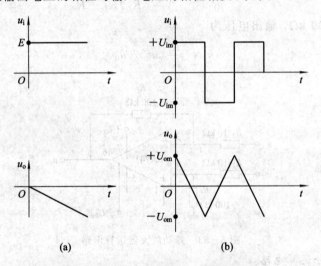

图 6 - 35 积分电路的输入与输出波形

为了限制电路的低频增益,减少失调电压的影响,可在图 6-34 所示的电路中,与电容并联一个电阻 R_f,就得到了一个实用的积分电路,如图 6-36 所示。其中,平衡电阻 $R_P=R_1 /\!/ R_f$。

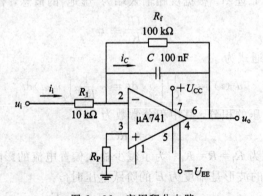

图 6 - 36 实用积分电路

（2）微分运算电路。微分器可以实现对输入信号的微分运算，微分是积分的逆运算，因此把积分器中的 R 与 C 的位置互换，就组成了最简单的微分器，如图 6-37 所示。

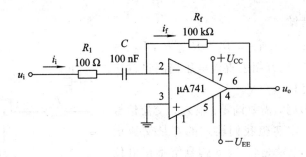

图 6-37　微分电路

根据反相端为"虚地"的概念，由图可得

$$i_C = C\frac{\mathrm{d}u_i}{\mathrm{d}t} \qquad (6-42)$$

$$i_i = i_f \qquad (6-43)$$

所以

$$u_o(t) = -i_f R_f = -R_f C\frac{\mathrm{d}u_i}{\mathrm{d}t} \qquad (6-44)$$

时间常数 $\tau = R_f C$，负号表示运放为反相接法。

由于电容 C 的容抗随输入信号的频率升高而减小，结果是，输出电压随频率升高而增加。为限制电路的高频电压增益，在输入端与电容 C 之间接入一小电阻 R_1，当输入频率低于 $f_o = \dfrac{1}{2\pi R_1 C}$ 时，电路起微分作用；若输入频率远高于上式，则电路近似为一个反相放大器，高频电压增益为

$$A_{uF} = -\frac{R_f}{R_1} \qquad (6-45)$$

若输入电压为一对称三角波，则输出电压为一对称方波，其波形关系如图 6-38 所示。

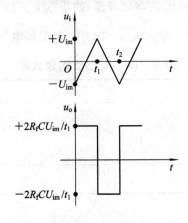

图 6-38　三角波-方波变换波形

四、实验内容

1. 电路调零(选做)

调零电路如图 6-39 所示，$R_P = R_1 /\!/ R_f$，$U_{CC} = 12$ V，$U_{EE} = -12$ V。用万用表直流电压挡测量输出电压 U_o，调节 R_W 使 $U_o = 0$ V。

输入为直流信号时，需要调零；输入为交流信号时，则可以不调零。本实验我们输入的都是交流信号，因此不用调零，也就是将 1、5 脚悬空不接电位器 R_W 即可。

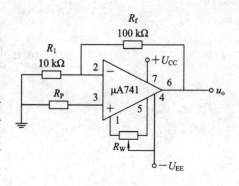

图 6-39　调零电路

2. 反相比例运算放大电路

(1) 按图 6-29 连接实验电路，接通 ±12 V 直流电源，平衡电阻 $R_P = R_1 /\!/ R_f$，R_P 可选用电路板上的 10 kΩ 电位器调节后获得。

(2) 输入 $f = 1000$ Hz，$u_i = 0.5$ V 的正弦交流信号，测量相应的 u_o，并用双踪示波器观察 u_i 和 u_o 的相位关系，记入表 6-15 中，其闭环电压增益 $A_{uF} = -\dfrac{R_f}{R_1}$。

表 6-15　反相比例放大器

u_i/V	u_o/V	u_i 波形	u_o 波形	A_{uF}	
				实测值	理论值

3. 同相比例运算电路

(1) 按图 6-30 连接实验电路，接通 ±12 V 直流电源，平衡电阻 $R_P = R_1 /\!/ R_f$。

(2) 输入 $f = 1000$ Hz，$u_i = 0.5$ V(峰峰值)的正弦交流信号，测量相应的 u_o，并用双踪示波器观察 u_i 和 u_o 的相位关系，记入表 6-16 中，其闭环电压增益 $A_{uF} = 1 + \dfrac{R_f}{R_1}$。

表 6-16　同相比例放大器

u_i/V	u_o/V	u_i 波形	u_o 波形	A_{uF}	
				实测值	理论值

4. 反相加法运算电路

(1) 按图 6-31 连接实验电路，接通 ±12 V 直流电源，平衡电阻 $R_P = R_1 /\!/ R_2 /\!/ R_f$，$u_o$ 的理论计算见式(6-33)。

（2）输入信号采用交流信号，由信号发生器的 CHA 通道和 CHB 通道输入，调节输入信号电压，使得 $u_{i1}=0.2$ V(峰峰值)，$u_{i2}=0.3$ V(峰峰值)，根据电路测量结果，记入表 6-17 中。

表 6-17 反 相 加 法 器

u_{i1}/V	u_{i2}/V	u_o/V	
		理论值	实测值

5. 减法运算电路

（1）按图 6-33 连接实验电路，接通 ±12 V 直流电源，注意此时 $R_1 /\!/ R_2 = R_P /\!/ R_f$，$U_o$ 的理论计算见式(6-36)。

（2）输入信号采用正弦信号，由信号发生器的 CHA 通道和 CHB 通道输入，调节输入电压，使得 $u_{i1}=0.2$ V(峰峰值)，$u_{i2}=0.3$ V(峰峰值)，根据电路测量结果，记入表 6-18 中。

表 6-18 减 法 器

u_{i1}/V	u_{i2}/V	u_o/V	
		理论值	实测值

6. 积分运算电路

（1）按图 6-36 连接实验电路，接通 ±12 V 直流电源，平衡电阻 $R_P = R_1 /\!/ R_f$，U_o 的理论计算见式(6-41)。

（2）输入峰峰值为 1 V 的方波信号，并用双踪示波器同时观察 U_i 和 U_o 的波形，记入表 6-19 中。

表 6-19 积 分 电 路

	峰峰值	$f=500$ Hz	$f=200$ Hz
输入信号 u_i	$U_i=1$ V (峰峰值)		
	$U_i=1$ V (峰峰值)		
输出信号 u_o	$U_o=$		
	$U_o=$		

7. 微分运算电路

（1）按图 6-37 连接实验电路，接通 ±12 V 直流电源，U_o 的理论计算见式(6-44)。

(2) 输入峰峰值为 1 V 的三角波信号，并用双踪示波器同时观察 U_i 和 U_o 的波形，记入表 6-20 中。

表 6-20 微 分 电 路

	峰峰值	$f=500$ Hz	$f=200$ Hz
输入信号 u_i	$u_i=1$ V（峰峰值） $u_i=1$ V（峰峰值）	u_i 波形图	u_i 波形图
输出信号 u_o	$u_o=$ $u_o=$	u_o 波形图	u_o 波形图

8. Multisim 10 仿真分析

以下仿真电路均接调零端，由于 μA741 对交流不需要调零，所以本次实验引脚 1 和引脚 5 可以悬空，但如果接了调零端，R_w 不能为零，否则容易烧坏 μA741 芯片。

(1) 编辑原理电路。用于仿真分析的运放调零电路如图 6-40 所示。μA741 可在 Multisim 10 模拟器件库（Analog）的运算放大器（OPAMP）系列中查找到。

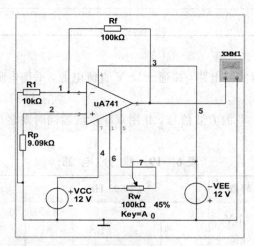

图 6-40 电路调零运算仿真电路

(2) 静态工作点分析。对运放的反相端、同相端、输出端（结点 2、3、6）进行直流工作点分析。

(3) 反相比例运算放大电路。用于仿真分析的反相比例运算电路如图 6-41 所示，仿真波形如图 6-42 所示。

(4) 积分运算电路。用于仿真分析的积分运算电路如图 6-43 所示，仿真波形如图 6-44 所示。

(5) 微分运算电路。用于仿真分析的微分运算电路如图 6-45 所示，仿真波形如图 6-46 所示。

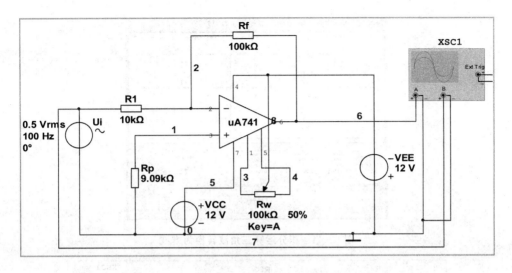

图 6-41 反相比例运算仿真电路

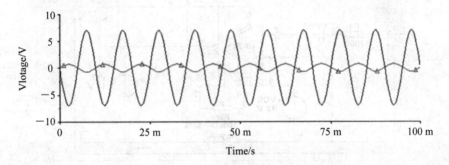

图 6-42 反相比例运算仿真波形图

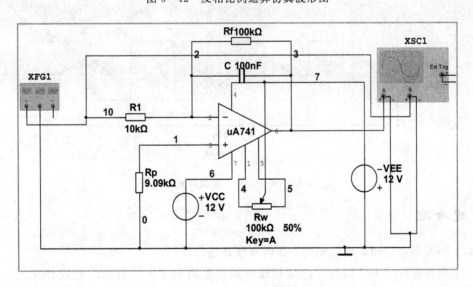

图 6-43 积分运算仿真电路

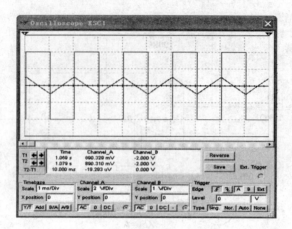

图 6-44 积分运算三角波转换为方波

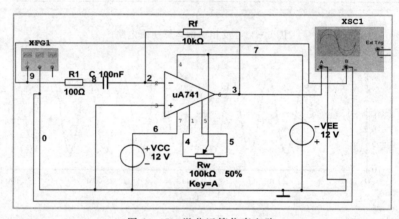

图 6-45 微分运算仿真电路

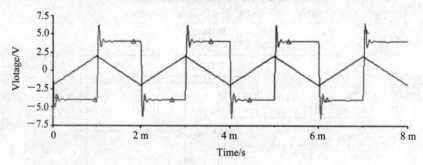

图 6-46 微分运算三角波转换为方波

五、思考题

（1）用万用表粗测运放 μA741，如何判断其是否损坏？

（2）如何设计放大倍数为 5 的反相比例运算电路和放大倍数为 6 的同相比例运算电路？请画出原理图，并标出元器件的数值。

（3）电阻和电容本身就可以组成一个积分器，为什么还要用运算放大器？

六、实验报告要求

（1）整理实验数据，用坐标纸描绘出波形图（注意波形间的相位关系）。

（2）将理论计算结果与实测数据相比较，分析产生误差的原因。

（3）分析并讨论实验中出现的现象和问题。

（4）回答思考题。

实验五　整流滤波与稳压电源

直流稳压电源用于向电子设备供电。直流稳压电源的组成结构及波形如图 6-47 所示。电源变压器用于将 220 V 交流电压降为生成直流电源所需的较低的交流电压。整流电路用于将交流电源转换为脉动的单向直流电压。滤波电路用于将脉动的直流电压转换为较平滑的直流电压。稳压电路用于克服电网电压、负载和温度等因素引发的扰动，输出稳定的直流电压。直流电源中含有的脉动成分称为纹波电压。

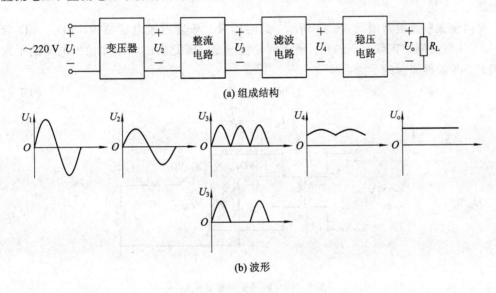

(a) 组成结构

(b) 波形

图 6-47　直流稳压电源结构及波形

预习要求：

（1）预习相关教材中有关整流、滤波、稳压电路的基本工作原理及其性能指标含义。

（2）根据本次实验要求，估算三端稳压电路的输出电压可调范围、稳压系数。

（3）用 Multisim 软件对所需完成的实验进行仿真，并记录仿真结果，以便与实验所测数据进行比较。

一、实验目的

（1）熟悉单相交流电的整流过程。

（2）了解电容的滤波作用。

（3）掌握整流、滤波、稳压电路的工作原理及其基本调试方法。

（4）掌握整流、滤波、稳压电路性能指标的基本测试方法。

（5）理解影响整流、滤波、稳压电路性能指标的常见因素及其一般故障的产生原因。

二、实验仪器

数字台式万用表　　　　　　1台

数字示波器　　　　　　　　1台

A5实验板　　　　　　　　　1块

实验箱　　　　　　　　　　1个

三、实验原理

1. 整流电路

对交流信号进行整流，关键是利用二极管的单向导电性，将交流电转变成单方向的脉动直流电压。常用的整流电路有半波整流电路和全波整流电路两种。本实验用的是全波整流电路。

单向全波整流电路如图6-48所示。此时四只二极管形成电桥结构，VD_1、VD_2管和 VD_3、VD_4管分别在工频电压的正、负半周轮流导通，因此输出电压和输出电流的平均值分别高于半波整流时的1倍，即

$$U_o = 0.9U_2 \tag{6-46}$$

$$I_o = \frac{0.9U_2}{R_L} \tag{6-47}$$

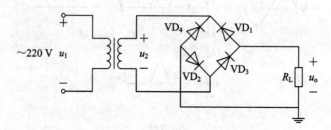

图6-48　桥式全波整流电路

整流电路所需的二极管，一般根据流经管子的平均电流和其所承受的最大反向电压选取。为了保证二极管安全工作，其参数的选取应至少留有10%的余量。

2. 滤波电路

减少整流输出电压中的脉动成分，通常是利用电容或电感的储能作用，保留或提供其中的直流分量，而滤除或削弱其中的交流分量。电容滤波电路适用于负载电流较小且电流值变化也较小的场合。为了提高滤波效果，滤波电容的容量越大越好，一般选用几百至几千微法的电解电容，且其耐压性应至少满足$2u_2$的要求。

3. 稳压电路

对于稳压电路部分，有些实验采用的是分立器件组成的电路，但由于集成稳压器集基准电压、调整电路、比较放大电路、采样电路、过载保护环节等于一体，故体积小、成本

低、工作可靠、通用性强。本实验采用的是集成稳压器构成的直流稳压电源。

集成稳压器的种类很多，大多数小功率电子电路中常选用线性串联型稳压器。但由于三端稳压器使用方便，而获得青睐。三端稳压器是有三个引出端（输入端、输出端、公共端）的线性稳压器，如图 6-49 所示。利用 LM317 三端稳压器和采样电阻 R_1、R_{P1} 构成另一种可调的稳压电路，如图 6-50 所示。稳压器的基准电压是 1.25 V，最小输出电流为 5 mA，故采样电阻最大值为 250 Ω。若忽略调整端的电流 I_A，则调节可变电阻 R_{P1} 可获得 1.25～37 V 的额定输出电压：

$$U_o = U_{R_{P1}} + 1.25 = \left(1 + \frac{R_{P1}}{R_1}\right) \times 1.25 \tag{6-48}$$

图 6-49　三端稳压 LM317 引脚图

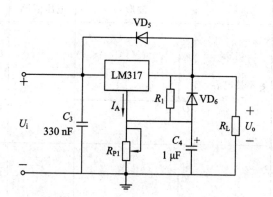

图 6-50　稳压值可调的稳压电路

为了获得稳定的输出电压，要求三端稳压器 LM317 的输入电压和输出电压之差为 3～40 V，额定输出电流为 0.1～1.5 A。C_3 是消振电容，C_4 电容用于消减 $U_{R_{P1}}$ 中的脉动分量。在输入端与输出端间接入二极管 VD_5，用于防止输入端短路时电容 C_4 对稳压器方向放电，致使稳压器损坏。二极管 VD_6 用于输出端短路时为电容 C_4 提供放电通路。

四、实验内容

1. 连接电路

参照图 6-51 连接实验电路。注意图中 u_1 为 220 V 的交流电压，u_2 根据实验要求可得 15 V 或 7.5 V 左右的交流电压，U_i 和 U_o 均为直流电压。

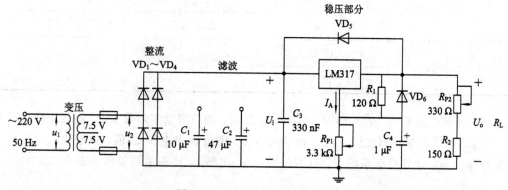

图 6-51　直流稳压电路原理图

2. 整流滤波部分

(1) 不接电容。

(2) 接通交流电源，用示波器观察 u_2 和 U_i 的波形，示波器测量 U_i 的纹波幅度。

(3) 用万用表的直流电压挡测量 U_i 的值，万用表交流电压挡测量 u_2 的有效值。

(4) 接入大容量滤波电容 C_2，重复(2)、(3)步的内容。

将以上测得的结果填入表 6-21 中。

表 6-21　整流滤波电路

	u_2		U_i		
	波形	电压值/V	波形分析	电压值/V	纹波值/mV
不接电容					
接入 C_2					

3. 稳压部分

(1) 可调范围测量。接入滤波电容 C_1 及稳压部分电路，当 $R_L = 150\ \Omega$ 时，用万用表直流电压挡测量输出电压 U_o，调节滑动变阻器 R_{P1} 记录直流电压输出的可调范围。将以上测得结果填入表 6-22 中。

表 6-22　测量可调范围

		U_o可调范围	
	u_2	U_o	
		最小值/V	最大值/V
$R_L = 150\ \Omega$	15 V		
	7.5 V		

(2) 计算稳压系数。$u_2 = 15$ V，$R_L = 150\ \Omega$ 时，调节滑动变阻器 R_{P1}，使稳压输出电压 $U_o = 5$ V，然后将变压器次级电压 u_2 改为 7.5 V，测量输出电压 U_o 值，观察输入电压变化时的稳压性能，计算稳压系数 $S_V = (\Delta U_o / U_o)/(\Delta u_i / u_i)$，将测量结果填入表 6-23 中。

表 6-23   计算稳压系数

	稳 压 性 能		
	u_2	U_o	稳压系数 $S_V = (\Delta U_o / U_o) / \Delta u_2 / u_2$
$R_L = 150\ \Omega$	15 V		
	7.5 V		

（3）输出电阻 R_o。保持 $u_2 = 15$ V 不变，当 $R_L = \infty$ 时，测量空载输出电压 U_o；当 $R_L = 150\ \Omega$ 时，测量带负载电压 U_{oL}，将测量结果填入表 6-24 中。根据公式计算输出电阻 R_o：

$$R_o = \left(\frac{U_o}{U_{oL}} - 1 \right) R_L$$

表 6-24   计算输出电阻

$R_L = \infty$	$R_L = 150\ \Omega$	计算 R_o
$U_o =$	$U_{oL} =$	$R_o =$

（4）纹波电压抑制比 S_n 的测量。S_n 反映稳压部分对输入端引入的交流纹波电压的抑制能力。在输出电压 $U_o = 5$ V，负载电阻 $R_L = 150\ \Omega$ 的条件下，用示波器测量输出电压纹波峰峰值 u_{opp} 和输入电压峰峰值 u_{ipp}。纹波电压抑制比 $S_n = 20\ \lg \dfrac{u_i}{u_o} \mathrm{dB}$。将测量结果填入表 6-25 中。

表 6-25   纹波电压抑制比

u_2	u_{opp}	u_{ipp}	S_n
15 V			

注意：

（1）切忌带电接线或带电拆线。

（2）正确选择仪表及其量程。特别注意区分电路哪些是交流分量，哪些是直流分量，以便正确选用电表。

（3）为防止因使用不当而烧坏万用表，本次实验要求：测量电流用数字万用表或电工实验箱中表头；测量交、直流电压用数字式万用表；测量纹波电压用示波器。

4. Multisim 10 仿真分析

鉴于仿真软件 Multisim 元件库较多，下面介绍一下直流稳压电源仿真电路图中一些元器件所在的库，仿真电路图如图 6-52、6-53 所示。变压器 T1 在基本元件库（Basic）的变压器（TRANSFORMER）系列中。变压器 T 与整流管 VD1～VD4 间串入的熔断器 F 存放在电源库（Power）的熔断器（FUSE）系列中，单刀单掷开关 J_1、J_2 存放在基本元件库（Basic）的开关（SWITCH）系列中。通过开关按键切换 J_1、J_2 的状态，分析滤波电容 C_1、C_2 对滤波效果的影响。三端稳压器 317 存放在电源库（Power）的基准电压（uoLTAGE_REGULATOR）系列中。

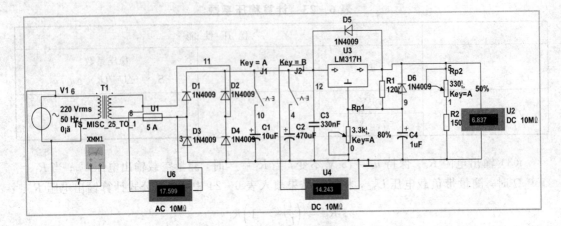

图 6-52 直流稳压电源仿真电路(1)

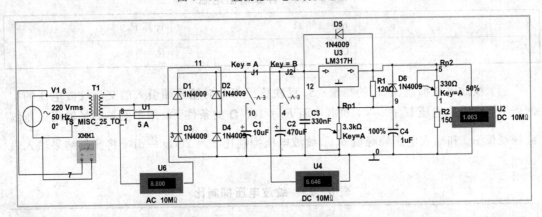

图 6-53 直流稳压电源仿真电路(2)

五、思考题

(1) 整流电路的基本原理是什么? 如何选择整流二极管? 请举例说明。

(2) 若整流二极管中某个管子开路、短路或反接,将会对电路产生何种影响?

(3) VD$_5$、VD$_6$ 在电路中的作用是什么?

(4) 如何在集成稳压电路中扩展输出电流和采取过流保护措施?

六、实验报告要求

(1) 整理实验数据,并与理论值比较,分析误差原因。

(2) 写出滤波电容大小对改善纹波性能的作用。

(3) 写出对 LM317 集成稳压器的实验体会。

(4) 写出完成本次实验后的心得体会以及对本次实验的改进意见,并回答思考题。

第7章 数字逻辑电路实验

实验一 TTL 集成逻辑门的逻辑功能与参数测试

TTL 集成逻辑门的逻辑功能与参数测试是数字电子技术的基础测试实验，要求掌握 TTL 与非门等电路主要参数的测试方法，加深对 TTL 集成逻辑门的逻辑功能的认识，掌握 TTL 器件的传输特性。

预习要求：

(1) 复习 TTL 与非有关内容，阅读 TTL 电路使用规则。

(2) 思考为什么 TTL 与非门的输入端悬空相当输入逻辑"1"电平。

(3) 思考 TTL 或非门闲置输入端该如何处理。

(4) 掌握基本的逻辑运算"与"、"或"、"非"、"与非"、"或非"、"异或"、"同或"等及其各种运算的基本表达式及门电路符号表示。

(5) 掌握电压表、电流表及万用表的使用方法。

一、实验目的

(1) 掌握 TTL 集成与非门的逻辑功能和主要参数的测试方法。

(2) 掌握 TTL 器件的使用规则。

(3) 熟悉数字电路实验装置的结构、基本功能和使用方法。

二、实验仪器

数字台式万用表	1 台
数字电路实验箱	1 台
数字示波器	1 台

三、实验原理

TTL 门电路是最简单、最基本的数字集成电路元件，将其进行适当的组合连接便可以构成任何复杂的组合电路。因此，掌握 TTL 门电路的工作原理，并熟悉、灵活地使用它们是必备的基本功之一。在设计数字电路和数字系统时，经常遇到的问题不仅仅是逻辑功能、器件损坏的问题，而且有集成电路性能或参数的问题。因此了解集成电路的参数，熟练掌握集成电路的测试方法是很有必要的。

本实验采用四输入双与非门 74LS20，即在一块集成块内含有两个互相独立的与非门，每个与非门有四个输入端。其逻辑框图、符号及引脚排列如图 7 - 1(a)、(b)、(c)所示。

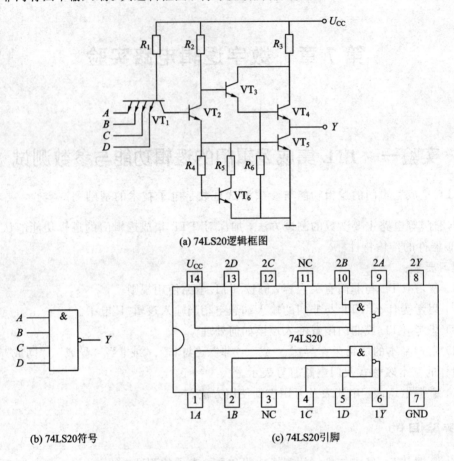

(a) 74LS20逻辑框图

(b) 74LS20符号

(c) 74LS20引脚

图 7 - 1　74LS20 逻辑框图、逻辑符号及引脚排列

1. 与非门的逻辑功能

与非门的逻辑功能是：当输入端中有一个或一个以上是低电平时，输出端为高电平；只有当输入端全部为高电平时，输出端才是低电平(即有"0"得"1"，全"1"得"0"。)其逻辑表达式为

$$Y = \overline{ABCD}$$

2. TTL 与非门的主要参数

(1) 输出高电平 V_{oH} 和输出低电平 V_{oL}。输出高电平 V_{oH} 是指与非门一个以上的输入端接低电平或接地时，输出电压的大小。此时门电路处于截止状态。如输出空载，V_{oH} 在3.6 V 左右，当输出端接有拉电流负载时，V_{oH} 将降低。输出低电平 V_{oL} 是指与非门的所有输入端均接高电平时，输出电压的大小。此时门电路处于导通状态。V_{oL} 的大小主要由输出级三极管的饱和深度和外接负载的灌电流来决定，一般 $V_{oL} \leqslant 0.4$ V。

(2) 低电平输出电源电流 I_{CCL} 和高电平输出电源电流 I_{CCH}。与非门处于不同的工作状态，电源提供的电流是不同的。I_{CCL} 是指所有输入端悬空或接高电平，输出端空载时，电源提供给器件的电流。I_{CCH} 是指输出端空载，每个门各有一个以上的输入端接地，其余输入端悬空或接高电平时，电源提供给器件的电流。通常 $I_{CCL} > I_{CCH}$，它们的大小标志着器件静态功耗的大小。器件的最大功耗为 $P_{CCL} = U_{CC} I_{CCL}$。74LS20 使用手册中提供的电源电流和功耗值是指整个器件总的电源电流和总的功耗。

注意：TTL 电路对电源电压要求较严，电源电压 U_{CC} 只允许在 $+5\ V \pm 10\%$ 的范围内工作，超过 5.5 V 将损坏器件；低于 4.5 V 器件的逻辑功能将不正常。

(3) 低电平输入电流 I_{iL} 和高电平输入电流 I_{iH}。低电平输入电流 I_{iL} 是指被测输入端接地，其余输入端悬空或接高电平，输出端空载时，由被测输入端流出的电流值。在多级门电路中，I_{iL} 相当于前级门输出低电平时，后级向前级门灌入的电流，因此它关系到前级门的灌电流负载能力，即直接影响前级门电路带负载的个数，因此希望 I_{iL} 小些。

高电平输入电流 I_{iH} 是指被测输入端接高电平，其余输入端接地，输出端空载时，流入被测输入端的电流值。在多级门电路中，它相当于前级门输出高电平时，前级门的拉电流负载，其大小关系到前级门的拉电流负载能力，因此希望 I_{iH} 小些。由于 I_{iH} 较小，难以测量，一般免于测试。

(4) 扇出系数 N_o。扇出系数 N_o 是指门电路能驱动同类门的个数，它是衡量门电路负载能力的一个参数，TTL 与非门有两种不同性质的负载，即灌电流负载和拉电流负载，因此有两种扇出系数，即低电平扇出系数 N_{oL} 和高电平扇出系数 N_{oH}。通常 $I_{iH} < I_{iL}$，则 $N_{oH} > N_{oL}$，故常以 N_{oL} 作为门的扇出系数。

(5) 电压传输特性。门的输出电压 U_o 随输入电压 U_i 而变化的曲线 $U_o = f(U_i)$ 称为门的电压传输特性，通过它可得到门电路的一些重要参数，如输出高电平 V_{oH}、输出低电平 V_{oL}、关门电平 V_{OFF}、开门电平 V_{ON}、阈值电平 V_T 及抗干扰容限 V_{NL}、V_{NH} 等值。输出电压刚刚达到低电平时的最低输入电压称为开门电平 V_{ON}。使输出电压刚刚达到规定高电平时的最高输入电压称为关门电平 V_{OFF}。

(6) 空载导通功耗 P_{ON}。空载导通功耗 P_{ON} 指输入全部为高电平、输出为低电平且不带负载时的功率损耗。

(7) 空载截止功耗 P_{OFF}。空载截止功耗 P_{OFF} 指输出为高电平且不带负载时的功率损耗。

(8) 噪声容限。电路能够保持正确的逻辑关系所允许的最大抗干扰值，称为噪声容限。输入低电平时的噪声容限为 $V_{OFF} \sim V_{iL}$，输入高电平时的噪声容限为 $V_{iH} \sim V_{ON}$。通常 TTL 门电路的 V_{iH} 取其最小值 2.0 V，V_{iL} 取其最大值 0.8 V。

(9) 平均传输延迟时间 t_{pd}。平均传输延迟时间 t_{pd} 是与非门的输出波形相对于输入波形的时间延迟，是衡量开关电路速度的重要指标。一般情况下，低速组件的 t_{pd} 约为 40~60 ns，中速组件的 t_{pd} 约为 15~40 ns，高速组件的 t_{pd} 为 8~15 ns，超高速组件的 t_{pd} 小于 8 ns。

四、实验内容

1. 验证 TTL 集成与非门 74LS20 的逻辑功能

按表 7-1 测试 74LS20 的功能，输入 A、B、C、D 为 1，输出是低电平；当有一个或几个输入端为低电平时，输出为高电平。74LS20 有 4 个输入端，有 16 个最小项，实际测试时只要通过对输入 1111、1011、1101、1110、0111 五项的检测就可判断其逻辑功能是否正常。

表 7 - 1 与非门功能测试表

输入	输出
$A\ B\ C\ D$	Y
1 1 1 1	
0 1 1 1	
1 0 1 1	
1 1 0 1	
1 1 1 0	

2. 与非门主要参数的测试

（1）输出高电平 V_{oH} 的测试电路如图 7 - 2 所示，把与非门输入端中的 1 个或 4 个全部接地，用万用表测出的输出端电压为 V_{oH}。

（2）输出低电平 V_{oL} 的测试电路如图 7 - 3 所示，输入端全部悬空或接高电平，测出输出端电压即为 V_{oL}。

（3）低电平输入电流 I_{iL} 的测试电路如图 7 - 4 所示，从电流表上读出的电流就是与非门的低电平输入电流 I_{iL}。

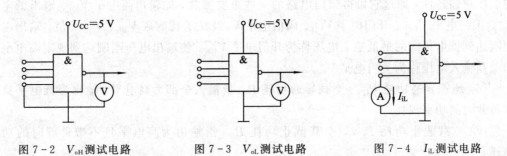

图 7 - 2 V_{oH} 测试电路   图 7 - 3 V_{oL} 测试电路   图 7 - 4 I_{iL} 测试电路

（4）高电平输入电流 I_{iH} 的测试电路如图 7 - 5 所示，从电流表上读出的电流就是与非门的高电平输入电流 I_{iH}。

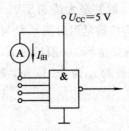

图 7 - 5 I_{iH} 测试电路

（5）空载导通功耗 P_{ON} 的测试电路如图 7 - 6 所示，用万用表测出电流 I_{ON}，空载导通功耗 $P_{ON} = U_{CC} \cdot I_{ON}$。（注意：两组门应同时处于空载导通状态。）

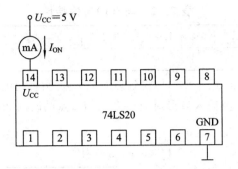

图 7-6 P_{ON} 测试电路

（6）空载截止功耗 P_{OFF} 的测试电路如图 7-7 所示，用万用表测出电流 I_{OFF}，截止功耗 $P_{\mathrm{OFF}}=U_{\mathrm{CC}} \cdot I_{\mathrm{OFF}}$。（注意：两组门应同时处于空载截止状态。）

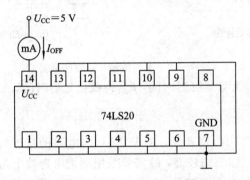

图 7-7 P_{OFF} 测试电路

（7）扇出系数 N_{o} 的测试电路如图 7-8 所示，与非门的四输入端均悬空或接高电平，接通电源，调节 R_{W}，使电压表的读数等于 0.4 V，读出此时电流表的读数 I_{oL}。扇出系数 $N_{\mathrm{o}}=I_{\mathrm{oL}} / I_{\mathrm{iL}}$。

（8）与非门传输特性的测试。逐点法测量与非门传输特性的电路如图 7-9 所示，调节 R_{W} 使 U_{i} 从 0 V 向 5 V 变化，分别测出对应的输出电压 U_{o}，并将结果填入表 7-2 中。（注意：在 1 V 附近输出电压发生跳变比较大的地方多测量一些点。）

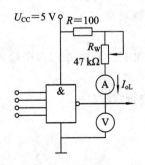

图 7-8 N_{o} 测试电路

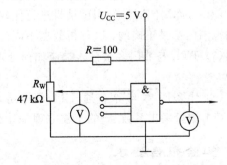

图 7-9 传输特性测试电路

表 7−2　与非门传输特性

U_i/V	0	0.2	0.4	0.6	0.8	1.0	1.2	1.5	2.0	2.5	3.0	3.5	4.0	4.5	5.0
U_o/V															

(9) 平均传输延迟时间 t_{pd}。平均传输延迟时间 t_{pd} 是衡量门电路开关速度的参数，它是指输出波形边沿的 $0.5U_m$ 至输入波形对应边沿 $0.5U_m$ 点的时间间隔，如图 7−10 所示。

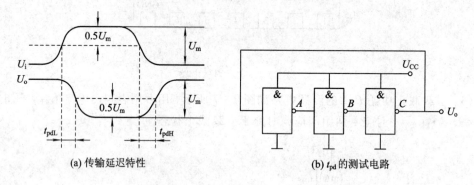

(a) 传输延迟特性　　　　　　(b) t_{pd} 的测试电路

图 7−10　平均传输延迟时间测量

图 7−10(a) 中的 t_{pdL} 为导通延迟时间，t_{pdH} 为截止延迟时间，平均传输延迟时间为

$$t_{pd} = \frac{1}{2}(t_{pdL} + t_{pdH})$$

t_{pd} 的测试电路如图 7−10(b) 所示，由于 TTL 门电路的延迟时间较小，直接测量时对信号发生器和示波器的性能要求较高，故实验采用测量由奇数个与非门组成的环形振荡器的振荡周期 T 来求得。其工作原理是：假设电路在接通电源后某一瞬间，电路中的 A 点为逻辑"1"，经过三级门的延迟后，A 点由原来的逻辑"1"变为逻辑"0"；再经过三级门的延迟后，A 点电平又重新回到逻辑"1"。电路中其他各点电平也跟随变化。说明使 A 点发生一个周期的振荡，必须经过六级门的延迟时间。因此平均传输延迟时间为

$$t_{pd} = \frac{T}{6}$$

TTL 电路的 t_{pd} 一般为 10～40 ns。

五、思考题

(1) 你所测试并绘制的电压传输特性曲线有何特点？试分析其原因。

(2) 与你周围同学的测试结果进行比较，你们的数据可能有一定的差别，但只要在一定的范围内都是正确的，试分析数据不同的原因。

(3) TTL 与非门多余输入端应如何处理？或门、或非门、与或非门多余输入端应如何处理？

(4) 什么是"线与"？普通 TTL 门电路为什么不能进行"线与"？

(5) 测量扇出系数 N_o 的工作原理是什么？

六、实验报告要求

(1) 记录实验测得的门电路参数，整理实验结果，并对结果进行分析。

（2）画出实测的电压传输特性曲线，并从中读出各有关参数值。

（3）请自行查阅有关 74LS20 的电气参数。

（4）回答思考题提出的各问题。

（5）自行列表格整理实验数据。

实验二　组合逻辑电路的设计与测试

组合逻辑电路是指在任何时刻，输出状态只决定于同一时刻各输入状态的组合，而与电路以前状态及其他时间的状态无关。组合逻辑电路的设计和测试是数字逻辑电路实验中的一个重要实验。根据给定的实际逻辑问题，求出实现这一逻辑功能的最简单逻辑电路，是设计组合逻辑电路时要完成的工作。本实验重点掌握利用不同门设计组合逻辑电路以及对组合逻辑电路进行测试。

预习要求：

（1）根据本次实验要求设计组合电路，并根据所给的标准器件画出逻辑图。

（2）思考如何用最简单的方法验证"与"、"或"、"非"门的逻辑功能是否完好。

一、实验目的

（1）掌握不同门电路的逻辑功能。

（2）掌握组合逻辑电路的设计与测试方法。

二、实验仪器

数字电路实验箱	1 台
数字信号发生器	1 台
数字示波器	1 台

三、实验原理

1. 组合逻辑电路的设计步骤

使用中、小规模集成电路来设计组合电路是最常见的。设计组合电路的一般步骤如图 7 - 11 所示。

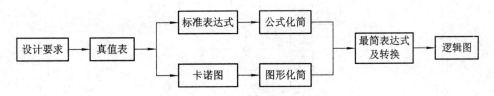

图 7 - 11　组合逻辑电路设计流程图

根据设计任务的要求建立输入、输出变量，并列出真值表，然后用逻辑代数或卡诺图化简法求出简化的逻辑表达式，并按要求选用逻辑门的类型，修改逻辑代数式。根据简化后的逻辑表达式，画出逻辑图，用标准器件构成逻辑电路。最后，用实验来验证设计的正确性。

2. 组合逻辑电路设计举例

用"与非"门设计一个表决电路。当4个表决中有3个或4个同意，即为"1"时，输入结果被认可，即输出端才为"1"。

设计步骤：根据题意确定输入变量为 D、A、B、C，输出变量为 Z，列出真值表，如表7-3所示，再填入表7-4的卡诺图。

表7-3　真　值　表

D	0	0	0	0	0	0	0	0	1	1	1	1	1	1	1	1
A	0	0	0	0	1	1	1	1	0	0	0	0	1	1	1	1
B	0	0	1	1	0	0	1	1	0	0	1	1	0	0	1	1
C	0	1	0	1	0	1	0	1	0	1	0	1	0	1	0	1
Z	0	0	0	0	0	0	0	1	0	0	0	1	0	1	1	1

表7-4　卡　诺　图

BC ＼ DA	00	01	11	10
00				
01			1	
11		1	1	1
10			1	

由卡诺表得出逻辑表达式，并演化成"与非"的形式，即

$$Z = ABC + BCD + ACD + ABD = \overline{\overline{ABC} \cdot \overline{BCD} \cdot \overline{ACD} \cdot \overline{ABD}}$$

根据逻辑表达式画出用"与非"门构成的逻辑电路，如图7-12所示。

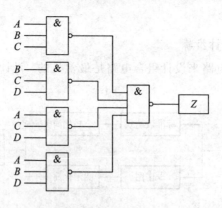

图7-12　表决电路逻辑图

按图接线，输入端 A、B、C、D 接至逻辑开关输入端口，输入端 Z 接逻辑电平显示输入端口，按真值表要求，逐次改变输入变量，测量相应的输出值，验证逻辑功能，与表7-3

进行比较，验证所设计的逻辑电路是否符合要求。

3. 组合逻辑电路调试方法举例

本节中通过图 7-13 所示的与门电路实现的一个小规模组合电路为例来说明电路安装调试及故障排除的方法与过程。

通过查芯片手册，知道 7400 中有 4 个二输入的与非门，7420 中有 2 个四输入的与非门，故选择使用一个 7400 和一个 7420。该逻辑图不能反映出芯片的引脚排列和接法。所以实验前查芯片手册，在原理图上加上文字说明及数字标号，作为实验接线的依据，如图7-14 所示，U_1 代表 7400，U_2 代表 7420。在每个门的输入、输出端标注使用的器件的引脚。根据该电路在实验箱上搭接电路，信号 A、B、C、D 由实验箱上的逻辑开关提供，以获得所需的逻辑电平输入；输出 Y 连接到逻辑电平指示灯上，用于观察输出电平的变化。测试输入变量各种情况下的输出，列出真值表，见表 7-5。

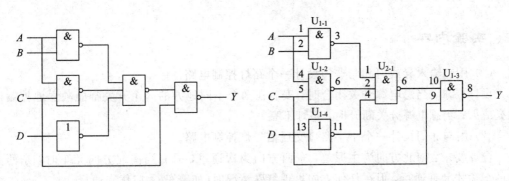

图 7-13　小规模组合电路　　　　图 7-14　有文字标注的小规模组合电路

表 7-5　电路对应的真值表

A	B	C	D	Y	A	B	C	D	Y
0	0	0	0	1	1	0	0	0	1
0	0	0	1	1	1	0	0	1	1
0	0	1	0	1	1	0	1	0	0
0	0	1	1	0	1	0	1	1	0
0	1	0	0	1	1	1	0	0	1
0	1	0	1	1	1	1	0	1	0
0	1	1	0	1	1	1	1	0	0
0	1	1	1	0	1	1	1	1	0

如果测试该电路时，某种输入下的输出与原理分析有悖，则要排除故障。对于组合电路，可根据逻辑表达式或真值表由前向后逐级检查。但更快的检查方法应该是由后向前逐级检查。

现在人为制造一个故障点，如将 U_{1-4} 的 11 脚与 U_{2-1} 的 4 脚断开。下面介绍故障排除的一般流程，将输入逻辑开关置在 0011 状态，根据逻辑图的分析，此时输出指示灯应为熄灭状态，但指示灯却是亮的。用逻辑表笔首先检查三个芯片的电源引脚是否供电稳定，排除电源的问题后。用逻辑表笔从后向前测各点的电平并与理论值比较。最后一级与非门输出应为 0，根据"有低出高，全高出低"，检查 U_{1-3} 的 9 脚、10 脚是否为 1，会发现 U_{1-3} 的 10 脚出现错误的 0，从而导致结果错误。那么这个错误的 0 信号是由于什么原因造成的呢？再据此去检查 U_{2-1} 的 6 脚是什么状态，如果 U_{2-1} 的 6 脚也是 0，还要向前找问题（如果 U_{2-1} 的 6 脚是 1，就要检查 U_{2-1} 的 6 脚到 U_{1-3} 的 10 脚间的导线是否插错位置，或者断线）。检查 U_{2-1} 的三个输入端 1 脚、2 脚、4 脚的状态，根据理论分析，此时的 U_{2-1} 的 1 脚为 1，U_{2-1} 的 2 脚为 1，U_{2-1} 的 4 脚为 0。用逻辑表分别测量芯片的三个引脚，发现 1 脚和 2 脚均是 1，而 4 脚是 0，再向前检查 U_{1-4} 的 11 脚，发现该引脚状态正常。从而缩小范围，问题是在 U_{1-4} 的 11 脚到 U_{2-1} 的 4 脚连线上，可能是断线、漏接、错接或者接触不良，造成此两点间不能正常导通。把该导线重新接好，则故障排除，电路能够正常工作了。

注意：如果向前检查到第一级的输入，都没有找到问题，还应继续检查逻辑开关的输出状态。

四、实验内容

（1）用二输入异或门和与非门设计一个路灯控制电路。

设计要求：当总电源开关闭合时，安装在 3 个不同地方的 3 个开关都能独立地控制灯的亮或灭；当总电源开关断开时，路灯不亮。

（2）用与非门设计一个十字路口交通信号灯控制电路。

设计要求：南北方向为主通道，东西方向为次通道，只有当南北方向无车时，东西方向的车辆才允许通行，但在任何方向出现特殊情况时（如警车），应优先通行。

（3）用与非门设计一个 4 位代码的数字锁。

设计要求：设 A、B、C、D 是 4 位代码的输入端，E 是钥匙用的插孔输入端。当开锁（$E=1$）时，密码正确则被打开（输入信号为 1），密码错误则无输出（$Y=0$）。$E=0$ 时，密码失效。

（4）设计一个一位全加器。

设计要求：用异或门、与门、或门组成。

（5）设计一个对两个两位无符号的二进制数进行比较的电路。

设计要求：根据第一个数是否大于、等于、小于第二个数，使相应的 3 个输入端中的一个输出为"1"，要求用与门、与非门及或非门实现。

五、思考题

（1）表决电路若改用或非门电路要如何变化？试设计该电路。

（2）"与或非"门中，当某一组与端不用时，应如何处理？

六、实验报告要求

（1）列出实验内容的设计过程，画出设计的电路图。

（2）对所设计的电路进行实验测试，记录测试结果。

（3）组合电路调试体会。

实验三　数据选择器及其应用

数据选择器是根据给定的输入地址代码，从一组输入信号中选出指定的一个送至输出端的组合逻辑电路。数据选择器的用途很多，例如多通道传输、数码比较、并行码变串行码，以及实现逻辑函数等。本实验主要掌握数据选择器的功能和使用方法及应用。

预习要求：

(1) 认真阅读实验指导书，掌握相关原理。

(2) 复习数据选择器的工作原理。

(3) 熟悉实验中所用数据选择器集成电路的引脚排列和逻辑功能。

一、实验目的

(1) 掌握数据选择器的逻辑功能及测试方法。

(2) 学会用数据选择器构成组合逻辑电路的方法及实现组合逻辑函数。

(3) 掌握数据选择器的基本应用。

二、实验仪器

数字示波器　　　　　　1 台

台式万用表　　　　　　1 台

数字电路实验箱　　　　1 台

三、实验原理

数据选择器又叫"多路开关"。数据选择器在地址码（或叫选择控制）电位的控制下，从几个数据输入中选择一个并将其送到一个公共的输出端。数据选择器的功能类似一个多掷开关，如图 7-15 所示，图中有四路数据 $D_0 \sim D_3$，通过选择控制信号 A_1、A_0（地址码）从四路数据中选中某一路数据送至输出端 Y 的 4 选 1 数据选择器等效电路图，如图 7-16 所示。

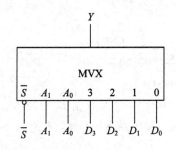

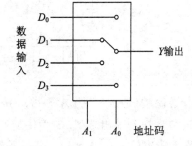

图 7-15　4 选 1 数据选择器的逻辑符号图　　图 7-16　4 选 1 数据选择器等效电路图

数据选择器为目前逻辑设计中应用十分广泛的逻辑部件，它有 2 选 1、4 选 1、8 选 1、16 选 1 等类别。

1. 双 4 选 1 数据选择器 74LS153

所谓双 4 选 1 数据选择器，就是在一块集成芯片上有两个 4 选 1 数据选择器。引脚排列如图 7-17 所示，$1\overline{S}$、$2\overline{S}$ 为两个独立的使能端；A_1、A_0 为公用的地址输入端；$1D_0 \sim 1D_3$ 和 $2D_0 \sim 2D_3$ 分别为两个 4 选 1 数据选择器的数据输入端；$1Y$、$2Y$ 为两个输出端。

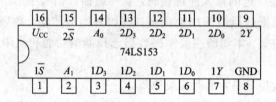

图 7-17 74LS153 引脚功能

74LS153 的功能如表 7-6 所示，当使能端 $1\overline{S}(2\overline{S}) = 1$ 时，多路开关被禁止，无输出，$Y = 0$。当使能端 $1\overline{S}(2\overline{S}) = 0$ 时，多路开关正常工作，根据地址码 A_1、A_0 的状态，将相应的数据 $D_0 \sim D_3$ 送到输出端 Y。例如，$A_1 A_0 = 00$，则选择 D_0 数据到输出端，即 $Y = D_0$；$A_1 A_0 = 01$ 则选择 D_1 数据到输出端，即 $Y = D_1$，其余类推，可以得到其他地址状态的电路输出。

表 7-6 74LS153 功能表

输 入			输 出
$\overline{S}$	A_1	A_0	Y
1	$\times$	$\times$	0
0	0	0	D_0
0	0	1	D_1
0	1	0	D_2
0	1	1	D_3

2. 8 选 1 数据选择器 74LS151

74LS151 为互补输出的 8 选 1 数据选择器，引脚排列如图 7-18 所示，功能如表 7-7 所示。

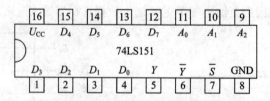

图 7-18 74LS151 引脚排列

选择控制端（地址端）为 $A_2 \sim A_0$，按二进制译码，从 8 个输入数据 $D_0 \sim D_7$ 中，选择一个需要的数据送到输出端 Y，$\overline{S}$ 为使能端，低电平有效。使能端 $\overline{S} = 1$ 时，不论 $A_2 \sim A_0$ 状态如何，均无输出（$Y = 0$，$\overline{Y} = 1$），多路开关被禁止。

使能端 $\overline{S} = 0$ 时，多路开关正常工作，根据地址码 A_2、A_1、A_0 的状态选择 $D_0 \sim D_7$ 中某一个通道的数据送到输出端 Y，如 $A_2 A_1 A_0 = 000$，则选择 D_0 数据到输出端，即 $Y = D_0$；$A_2 A_1 A_0 = 001$，则选择 D_1 数据到输出端，即 $Y = D_1$，其余类推。

表 7 - 7　74LS151 功能表

输　　　入				输　　出	
$\overline{S}$	A_2	A_1	A_0	Y	$\overline{Y}$
1	X	X	X	0	1
0	0	0	0	D_0	$\overline{D_0}$
0	0	0	1	D_1	$\overline{D_1}$
0	0	1	0	D_2	$\overline{D_2}$
0	0	1	1	D_3	$\overline{D_3}$
0	1	0	0	D_4	$\overline{D_4}$
0	1	0	1	D_5	$\overline{D_5}$
0	1	1	0	D_6	$\overline{D_6}$
0	1	1	1	D_7	$\overline{D_7}$

　　数据选择器的用途很多，例如多通道传输、数码比较、并行码变串行码，以及实现逻辑函数等。在计算机数字控制装置和数字通信系统中，往往要求将并行形式的数据转换成串行的形式。若用数据选择器就能很容易地完成这种转换。只要将欲变换的并行码送到数据选择器的信号输入端，使组件的控制信号按一定的编码（如二进制编码）顺序依次变化，则在输出端可获得串行码输出。使用数据选择器设计实现组合逻辑电路的方法如下例。

　　例 7 - 1　用 8 选 1 数据选择器 74LS151 实现函数 $F=A\overline{B}+\overline{A}C+B\overline{C}$。

　　采用 8 选 1 数据选择器 74LS151 可实现任意三输入变量的组合逻辑函数。函数 F 的功能表如表 7 - 8 所示，将函数 F 的功能表与 8 选 1 数据选择器的功能表相比较，可知：

　　（1）将输入变量 C、B、A 作为 8 选 1 数据选择器的地址码 A_2、A_1、A_0。

　　（2）使 8 选 1 数据选择器的各数据输入 $D_0 \sim D_7$ 分别与函数 F 的输出值一一对应，即

$$A_2 A_1 A_0 = C$$
$$D_0 = D_7 = 0$$
$$D_1 = D_2 = D_3 = D_4 = D_5 = D_6 = 1$$

则 8 选 1 数据选择器的输出 Y 便实现了函数 $F=A\overline{B}+\overline{A}C+B\overline{C}$。接线图如图 7 - 19 所示。

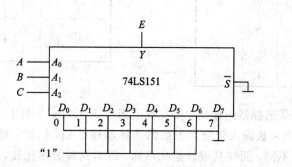

图 7 - 19　用 8 选 1 数据选择器实现 $F=A\overline{B}+\overline{A}C+B\overline{C}$

显然，采用具有 n 个地址端的数据选择器实现 n 变量的逻辑函数时，应将函数的输入变量加到数据选择器的地址端 (A)，选择器的输入端 (D) 按次序以函数 F 输出值来赋值。

表 7-8 函数 F 功能表

输	入		输出
C	B	A	F
0	0	0	0
0	0	1	1
0	1	0	1
0	1	1	1
1	0	0	1
1	0	1	1
1	1	0	1
1	1	1	0

例 7-2 用 4 选 1 数据选择器 74LS153 实现函数 $F=\overline{A}BC+A\overline{B}C+AB\overline{C}+ABC$。

函数 F 的功能表如表 7-9 所示。函数 F 有 3 个输入变量 A、B、C，而数据选择器有两个地址端 A_1、A_0，少于函数输入变量个数，在设计时可任选 A 接 A_1，B 接 A_0。

将函数功能表改换成表 7-10 形式，可见当输入变量 A、B、C 中，B、A 接选择器的地址端 A_1、A_0 时，由表 7-10 不难看出 $D_0=0$，$D_1=D_2=C$，$D_3=1$。

表 7-9 函数 F 功能表

输	入		输出
A	B	C	F
0	0	0	0
0	0	1	0
0	1	0	0
0	1	1	1
1	0	0	0
1	0	1	1
1	1	0	1
1	1	1	1

表 7-10 函数 F 功能表

输	入		输出	选中数据端
A	B	C	F	
0	0	0	0	$D_0=0$
		1	0	
0	1	0	0	$D_1=C$
		1	1	
1	0	0	0	$D_2=C$
		1	1	
1	1	0	1	$D_3=1$
		1	1	

那么 4 选 1 数据选择器的输出，便实现了函数 $F=\overline{A}BC+A\overline{B}C+AB\overline{C}+ABC$。接线图如图 7-20 所示。当函数输入变量大于数据选择器地址端 (A) 时，可能随着选用函数输入变量作地址的方案不同，而使其设计结果不同，需对几种方案比较，以获得最佳方案。

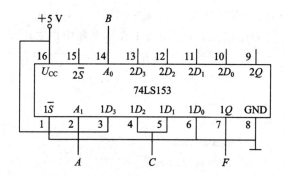

图 7 - 20　用 4 选 1 数据选择器实现 $F = \overline{A}BC + A\overline{B}C + AB\overline{C} + ABC$

四、实验内容

(1) 测试 74LS153 双 4 选 1 数据选择器的逻辑功能。

地址端、数据输入端、使能端接逻辑开关，输出端接电平指示器，按表 7 - 9 所示的功能逐项进行验证。

(2) 用 4 选 1 数据选择器 74LS153 扩展出 8 选 1 数据选择器，并设计出一个奇偶校验电路。

(3) 用 74LS153 构成三变量表决器电路。

提示：先用双 4 选 1 扩展成 8 选 1，然后实现三变量表决电路，测试其逻辑功能并记录结果。

(4) 用 74LS153 及少量门电路构成全加器的电路图并测试其逻辑功能。

全加器和数及向高位进位的逻辑方程为

$$S_n = \overline{A}\,\overline{B}C_{n-1} + \overline{A}B\overline{C}_{n-1} + A\,\overline{B}\,\overline{C}_{n-1} + ABC_{n-1}$$

$$C_n = \overline{A}BC_{n-1} + A\overline{B}C_{n-1} + AB\overline{C}_{n-1} + ABC_{n-1}$$

五、思考题

(1) 能否用双 4 选 1 数据选择器 74LS153 实现全加器？如果可以，试写出设计过程，画出逻辑接线图，有条件的可验证设计结果正确与否。

(2) 如何用双 4 选 1 数据选择器 74LS153 产生 1011 序列信号？写出设计过程，画出逻辑电路图，描绘 A_1、A_0 及输出端 Y 的波形，有条件的可验证设计结果正确与否(注意：地址端应为连续脉冲信号)。

六、实验报告要求

(1) 记录、整理实验结果，画出波形图，并对结果进行分析。

(2) 归纳数据选择器的工作原理。

(3) 回答思考题。

实验四　计数器及其应用

计数器是最基本的时序电路，它不仅可以用来统计输入脉冲的个数，还可以作为数字系统中的分频、定时电路。计数器在数字系统中应用广泛，如在电子计算机的控制器中对指令地址进行计数，以便顺序取出下一条指令；在运算器中作乘法、除法运算时记下加法、减法次数。又如在数字仪器中对脉冲的计数等等。本实验主要掌握计数器的使用和功能测试方法，掌握任意模值的计数器设计以及级联扩展的方法。

预习要求：

（1）复习有关计数器部分的内容。

（2）绘出各实验内容的详细线路图。

（3）拟出各实验内容所需的测试记录表格。

（4）查手册，给出并熟悉实验所用各集成电路的引脚排列图。

一、实验目的

（1）掌握集成计数器的使用及功能测试方法。

（2）掌握集成计数器构成任意模值及设计的方法。

（3）熟悉计数器的级联方法，并根据实验要求进行电路设计与测试。

二、实验仪器

数字示波器	1台
台式万用表	1台
数字电路实验箱	1台

三、实验原理

时序逻辑电路在任何时刻产生的稳定输出信号不仅与该时刻电路的输入信号有关，而且还与电路过去的状态有关。所以电路中必须具有"记忆"功能的器件，记住电路过去的状态，并与输入信号共同决定电路的现时输出。时序逻辑电路结构框图如图 7-21 所示。

在数字电路中，能够记忆输入脉冲个数的电路称为计数器。计数器是一种应用十分广泛的时序电路，除用于计数、分频外，还广泛用于数字测量、运算和控制。从小型数字仪表到大型数字电子计算机，计数器几乎无所不在，它是任何现代数字系统中不可缺少的组成部分。

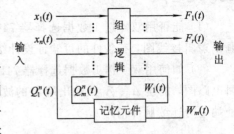

图 7-21　时序逻辑电路结构框图

计数器可利用触发器和门电路构成。但在实际工作中，主要是利用集成计数器来构成。在用集成计数器构成 N 进制计数器时，需要利用清零端或置数控制端，让电路跳过某些状态来获得 N 进制计数器。

1. 计数器的分类

1）按进位模数来分

所谓进位模数，就是计数器所经历的独立状态总数，即进位制的数。

（1）模 2 计数器：进位模数为 $2n$ 的计数器均称为模 2 计数器。其中 n 为触发器级数。

（2）非模 2 计数器：进位模数非 $2n$，用得较多的如十进制计数器、十二进制计数器、六十进制计数器等等。

2）按计数脉冲输入方式分

（1）同步计数器：计数脉冲引至所有触发器的 CP 端，使应翻转的触发器同时翻转。

（2）异步计数器：计数脉冲并不引至所有触发器的 CP 端，有的触发器的 CP 端是其他触发器的输出，因此触发器不是同时动作。

3）按计数增减趋势分

（1）递增计数器：每来一个计数脉冲，触发器组成的状态就按二进制代码规律增加。这种计数器有时又称加法计数器。

（2）递减计数器：每来一个计数脉冲，触发器组成的状态，按二进制代码规律减少。该计数器有时又称为减法计数器。

（3）双向计数器：又称可逆计数器，计数规律可按递增规律，也可按递减规律，由控制端决定。

4）按电路集成度分

（1）小规模集成计数器：由若干个集成触发器和门电路，经外部连线，构成具有计数功能的逻辑电路。

（2）中规模集成计数器：一般用 4 个集成触发器和若干个门电路，经内部连接集成在一块硅片上，它是计数功能比较完善并能进行功能扩展的逻辑部件。由于计数器是时序电路，故它的分析和设计与时序电路的分析、设计完全一样。

2. 集成计数器芯片介绍

在数字集成产品中，通用的计数器是二进制和十进制计数器。按计数长度、有效时钟、控制信号、置位和复位信号的不同有不同的型号。本实验采用 74LS192 芯片。74LS192 芯片是同步十进制可逆计数器，其符号和引脚分布分别如图 7-22(a)、(b)所示，表 7-11 是 74LS192 功能表。

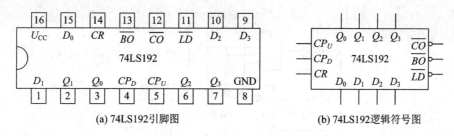

(a) 74LS192引脚图   (b) 74LS192逻辑符号图

图 7-22　74LS192四位二进制同步十进制可逆计数器引脚图

74LS192 是同步十进制可逆计数器，具有双时钟输入，并具有清除和置数等功能，由四只 JK 触发器和若干门电路组成，正边沿触发。它具有加计数脉冲 CP_U，加法计数时 CP_D 置高电平；减计数脉冲 CP_D，减法计数时 CP_U 置高电平。预置端 $\overline{LD}$ 低电平有效，且异步置数，清零端 CR 高电平有效，且异步清零。

74LS192 各引脚功能如下：

CR——复位引脚，高电平有效。

$\overline{LD}$——预置引脚，低电平有效。

$\overline{BO}$——借位输出信号脚。

$\overline{CO}$——进位输出信号脚。

$\overline{BO}$和$\overline{CO}$两个引脚一般用于级联。

CP_U——加法计数时脉冲输入引脚。

CP_D——减法计数时脉冲输入引脚。

$D_0 D_1 D_2 D_3$——预置法计数时的初值设置引脚，满足 8421 编码关系。

$Q_0 Q_1 Q_2 Q_3$——数据输出引脚，满足 8421 编码关系。

表 7 - 11　74LS192 芯片逻辑功能

输　　　入								输　　　出			
CR	$\overline{LD}$	CP_U	CP_D	D_3	D_2	D_1	D_0	Q_3	Q_2	Q_1	Q_0
1	×	×	×	×	×	×	×	0	0	0	0
0	0	×	×	d	c	b	a	d	c	b	a
0	1	↑	1	×	×	×	×	加　计　数			
0	1	1	↑	×	×	×	×	减　计　数			

3. 任意进制计数器的设计

在数字集成电路中有许多型号的计数器产品，可以用这些数字集成电路来实现所需要的计数功能和时序逻辑功能。时序逻辑电路的设计有两种方法，一种为反馈清零法，另一种为反馈置数法。

1）反馈清零法（复位法）

复位法计数器的工作原理是：计数器从零开始计数，每来一个外部脉冲，计数器的输出值加一，计数到预定值后复位（复位端 CR）到零，需外接芯片形成反馈信号，如图 7 - 23 所示是用复位法设计的模 7 计数器的电路图。

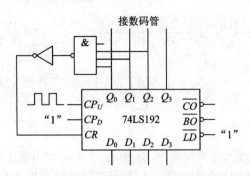

图 7 - 23　复位法模 7 计数器电路图

2）反馈置数法（置位法）

反馈置数法的工作原理是：计数器从预置的初始值开始计数，每来一个外部脉冲，计数器的输出值加一，计数到预定值后置数到初始值。置数法可分为异步预置和同步预置，这要根据具体芯片的功能表中的预置端口是异步或同步（是不是受时钟控制）来选择，受时钟控制的为同步预置；不受时钟控制的为异步预置。

（1）通过外接芯片完成反馈。如图 7-24 是用置位法通过外接芯片反馈的模 7 加法计数器电路的一种，初值设置为"0"。

（2）通过自身的输出信号形成反馈。如图 7-25 是用置位法通过自身的信号形成反馈的模 6 加法器的电路图，初值设置为 3。（思考为什么？）

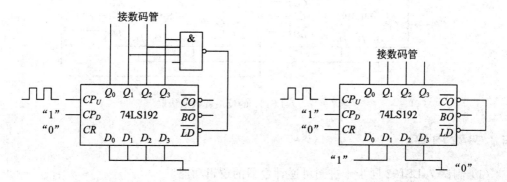

图 7-24　置位法模 7 计数器电路图　　　图 7-25　置位法自身反馈模 6 加法器电路图

本实验采用芯片 74LS192（CD40192）的 $\overline{CO}$、$\overline{BO}$ 端口作为反馈输出时，反馈信号接入 $\overline{LD}$ 进行预置完成计数工作。$D_0 D_1 D_2 D_3$ 的预置方法如下：

异步预置：

加计数　预置值 $=N-M-1$

减计数　预置值 $=M$

（3）类似地，有两种减法计数器的模 7 设计方法。请读者自行思考减法设计的情况。

3）计数器的级联使用

当要求实现的计数值 M 超过单片计数器的计数范围时，必须将多片计数器级联，以扩大计数的范围。

计数器级联的方法是将低位计数器的输出信号送给高位计数器，使得低位计数器每循环计满一遍，高位计数器就产生一次计数。

从低位计数器取得的信号一般有进位（或借位）信号以及状态信号的组合等，而此信号送到高位计数器也有送到计数输入脉冲端和计数使能端的区别，要根据具体芯片的电平要求进行实际电路的设计。图 7-26 所示为低进位送高位计数输入，反馈清零法级联。图 7-27 所示为低进位送高位计数输入，反馈置数法级联。其他级联方式，读者可自行分析设计。

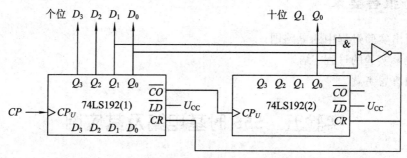

图 7-26　74LS192 的反馈清零及级联

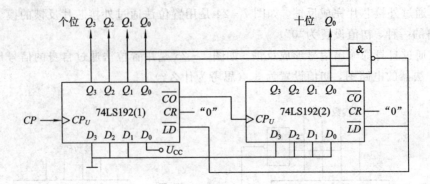

图 7 - 27 74LS192 的反馈置数及级联

四、实验内容

(1) 测试 74LS192 同步十进制可逆计数器的逻辑功能。

计数脉冲由单脉冲源提供,将清除端 CR、置数端 $\overline{LD}$、数据输入端 $D_0 D_1 D_2 D_3$ 分别接逻辑开关,输出端 $Q_0 Q_1 Q_2 Q_3$ 接译码显示输入相应插口 A、B、C、D;$\overline{CO}$ 和 $\overline{BO}$ 接逻辑电平显示插口。按 74LS192 的功能逐项测试并判断该集成块的功能是否正常。注意观察加计数时进位信号 $\overline{CO}$ 与计数值"9"和减计数时借位信号 $\overline{BO}$ 与计数"0"的变化情况。

(2) 用 5 种方法设计 n 进制的计数器($n=2\sim8$),分别画出设计的电路图,并在实验台上验证设计是否正确。

(3) 针对 5 种设计方法,依次用示波器观察当 CP 为 10 kHz 时,Q_0、Q_1、Q_2、Q_3 的波形,找出其规律。

五、思考题

(1) 如何用 74LS192 芯片设计大于 10 的计数器?

(2) 如何用计数器芯片设计分频器?

(3) 如何用计数器芯片设计定时器?

(4) 如果用的是 74LS161,设计的方法是否会变化?(74LS161 是同步四位二进制加法集成计数器)

六、实验报告要求

(1) 画出实验过程中的电路图。

(2) 记录实验的过程、结果。

(3) 回答思考题。

实验五　555 时基电路及其应用

555 定时器是数字、模拟混合型的集成电路,利用它可以方便地构成脉冲产生和整形电路,具有功能强、使用灵活、方便等优点,在数字设备、工业控制、家用电器、电子玩具等许多领域都得到了广泛的应用。本实验主要熟悉 555 定时器构成单稳态电路、多谐振荡电路和施密特触发电路等以及用示波器对其波形进行观察和分析。

预习要求：

（1）复习有关 555 定时器的工作原理及其应用。

（2）拟定实验中所需的数据、表格等。

（3）思考如何用示波器测定施密特触发器的电压传输特性曲线。

（4）拟定各次实验的步骤和方法。

一、实验目的

（1）掌握 555 时基电路的结构和工作原理，学会芯片的正确使用。

（2）学会分析和测试 555 时基电路的构成。

（3）掌握用定时器构成单稳态电路、多谐振荡电路和施密特触发电路等。

（4）学习用示波器对波形进行定量分析，测量波形的周期、脉宽和幅值等。

二、实验仪器

数字示波器	1 台
台式万用表	1 台
数字信号发生器	1 台
数字电路实验箱	1 台

三、实验原理

集成时基电路又称为集成定时器或 555 电路。555 集成定时器是模拟功能和数字逻辑功能相结合的一种双极型集成器件。外加电阻、电容可以组成性能稳定而精确的多谐振荡器、单稳电路、施密特触发器等，应用十分广泛。它是一种产生时间延迟和多种脉冲信号的电路，由于内部电压标准使用了三个 5 kΩ 电阻，故取名 555 电路。其电路类型有双极型和 CMOS 型两大类，二者的结构与工作原理类似。几乎所有的双极型产品型号最后的三位数码都是 555 或 556；所有的 CMOS 产品型号最后四位数码都是 7555 或 7556。二者的逻辑功能和引脚排列完全相同，易于互换。555 和 7555 是单定时器，556 和 7556 是双定时器。双极型的电源电压 $U_{CC} = +5 \sim +15$ V，输出的最大电流可达 200 mA，CMOS 型的电源电压为 $+3 \sim +18$ V。

1. 555 电路的工作原理

555 电路的内部电路框图和引脚排列如图 7-28 所示。它含有两个电压比较器，一个基本 RS 触发器，一个放电开关管 VT，比较器的参考电压由三只 5 kΩ 电阻器构成的分压器提供。它们分别使高电平比较器 A_1 的同相输入端和低电平比较器 A_2 的反相输入端的参考电平为 $\frac{2}{3}U_{CC}$ 和 $\frac{1}{3}U_{CC}$。A_1 与 A_2 的输出端控制 RS 触发器状态和放电管开关状态。当输入信号自 6 脚，即高电平触发输入并超过参考电平 $\frac{2}{3}U_{CC}$ 时，触发器复位，555 的输出端 3 脚输出低电平，同时放电开关管导通；当输入信号自 2 脚输入并低于 $\frac{1}{3}U_{\mathrm{CC}}$ 时，触发器复位，555 的 3 脚输出高电平，同时放电开关管截止，如表 7 - 12 所示。

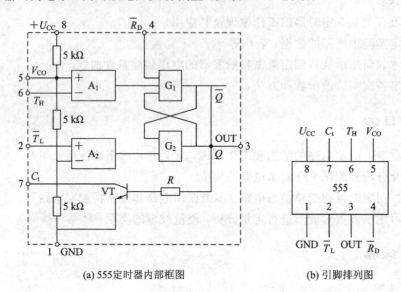

(a) 555定时器内部框图 (b) 引脚排列图

图 7 - 28 555 定时器内部框图及引脚排列图

表 7 - 12 555 芯片功能表

T_{H} 阈值	$\overline{T_{\mathrm{L}}}$ 触发	$\overline{R_{\mathrm{D}}}$ 复位	OUT 输出	C_{t} 放电端
×	×	L	L	导通
$>\frac{2}{3}U_{\mathrm{CC}}$	$>\frac{1}{3}U_{\mathrm{CC}}$	H	L	导通
$<\frac{2}{3}U_{\mathrm{CC}}$	$>\frac{1}{3}U_{\mathrm{CC}}$	H	原状态（保持）	
×	$<\frac{1}{3}U_{\mathrm{CC}}$	H	H	截止（关断）

$\overline{R_{\mathrm{D}}}$ 是复位端（4 脚），当 $\overline{R_{\mathrm{D}}}=0$ 时，555 输出低电平。平时 $\overline{R_{\mathrm{D}}}$ 端开路或接 U_{CC}。

555 定时器引脚的功能如下：

GND——接地端。

U_{CC}——电源端。

$\overline{T_{\mathrm{L}}}$——低触发输入端，当 $\overline{T_{\mathrm{L}}}$ 端电平小于 $\frac{1}{3}U_{\mathrm{CC}}$ 时，OUT 端呈现高电平，C_{t} 端关断。

T_{H}——高触发输入端，当 T_{H} 端电压大于 $\frac{2}{3}U_{\mathrm{CC}}$ 时，输出端 OUT 呈低电平，C_{t} 端导通。

OUT——输出端，由 A_1 和 A_2 两比较器的值决定其输出。

$\overline{R_{\mathrm{D}}}$——强复位端，$\overline{R_{\mathrm{D}}}=0$，OUT 端输出低电平，$C_{\mathrm{t}}$ 端导通。

V_{CO}——电压控制端，V_{CO} 接不同的电压值可以改变 T_{H}、$\overline{T_{\mathrm{L}}}$ 的触发电平值。

C_{t}——放电端，其导通或关断为 RC 回路提供了放电或充电的通路。

V_{CO} 控制电压端（5 脚）是比较器 A_1 的基准电压端，分压输出 $\frac{2}{3}U_{\mathrm{CC}}$ 作为比较器 A_2 的参

考电平，当 5 脚外接一个输入电压时，即改变了比较器的参考电平，从而实现对输出的另一种控制，通过外接元件或电压源可改变控制端的电压值，即可改变比较器 A_1、A_2 的参考电压。不用时可将它与地之间接一个 $0.01\ \mu F$ 的电容，以防止干扰电压引入，起滤波作用，以消除外来的干扰，从而确保参考电平的稳定。555 的电源电压范围是 $+4.5\sim+18\ V$，输出电流可达 $100\sim200\ mA$，能直接驱动小型电机、继电器和低阻抗扬声器。

VT 为放电管，当 VT 导通时，将给接于 7 脚的电容器提供低阻放电通路。

555 定时器主要是与电阻、电容构成充放电电路，并由两个比较器来检测电容器上的电压，以确定输出电平的高低和放电开关管的通断。这就可以很方便地构成从微秒到数十分钟的延时电路，从而方便地构成单稳态触发器、多谐振荡器、施密特触发器等脉冲产生及波形变换等电路。

2. 555 定时器的典型应用

(1) 构成单稳态触发器。图 7-29(a) 为由 555 定时器和外接定时元件 R、C 构成的单稳态触发器。触发电路由 C_1、R_1、VD 构成，其中 VD 为钳位二极管，稳态时 555 电路输入端处于电源电平，内部放电开关管 VT 导通，输出端 OUT 输出低电平，当有一个外部负脉冲触发信号经 C_1 加到 2 端，并使 2 端电位瞬时低于 $\frac{1}{3}U_{CC}$ 时，低电平比较器动作，单稳态电路即开始一个暂态过程，电容 C 开始充电，V_C 按指数规律增长。当 V_C 充电到 $\frac{2}{3}U_{CC}$ 时，高电平比较器动作，比较器 A_1 翻转，输出 U_o 从高电平返回低电平，放电开关管 VT 重新导通，电容 C 上的电荷很快经放电开关管放电，暂态结束，恢复稳态，为下一个触发脉冲的来到做好准备。其波形图如图 7-29(b) 所示。

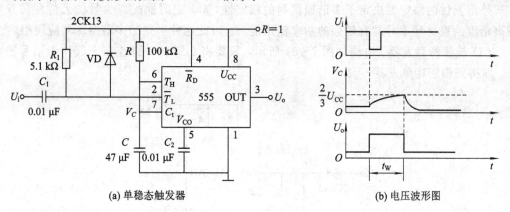

(a) 单稳态触发器　　　　　　　　　(b) 电压波形图

图 7-29　单稳态触发器结构及电压波形图

暂稳态的持续时间 t_W（即延迟时间）决定于外接元件 R、C 值的大小：

$$t_W = 1.1RC$$

该电路正常工作时，要求输入脉冲宽度一定要小于 t_W，如果 U_i 的脉宽大于 t_W，可在输入端加 RC 微分电路。

通过改变 R、C 的大小，可使延迟时间在几微秒到几十分钟之间变化。当这种单稳态电路作为计时器时，可直接驱动小型继电器，并可以使用复位端（4 脚）接地的方法来中止暂态，重新计时。此外尚需用一个续流二极管与继电器线圈并接，以防继电器线圈反电势损坏内部功率管。

(2) 构成多谐振荡器。如图 7-30(a)所示，由 555 定时器和外接元件 R_1、R_2、C 构成多谐振荡器，2 脚与 6 脚直接相连。电路没有稳态，仅存在两个暂稳态，电路亦不需要外加触发信号，利用电源通过 R_1、R_2 向 C 充电，以及 C 通过 R_2 向放电端 C_t 放电，使电路产生振荡。电容 C 在 $\frac{1}{3}U_{CC}$ 和 $\frac{2}{3}U_{CC}$ 之间充电和放电，其波形如图 7-30(b)所示。输出信号的时间参数是

$$T = t_{W1} + t_{W2}, \quad t_{W1} = 0.7(R_1 + R_2)C, \quad t_{W2} = 0.7R_2C$$

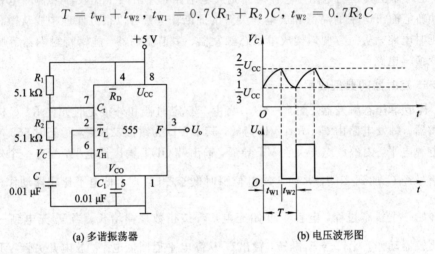

(a) 多谐振荡器   (b) 电压波形图

图 7-30　多谐振荡器结构及电压波形图

555 电路要求 R_1 与 R_2 均应大于或等于 1 kΩ，但 $R_1 + R_2$ 应小于或等于 3.3 MΩ。

外部元件的稳定性决定了多谐振荡器的稳定性，555 定时器配以少量的元件即可获得较高精度的振荡频率并具有较强的功率输出能力。因此这种形式的多谐振荡器应用很广。

(3) 施密特触发器。电路如图 7-31 所示，只要将 2 脚和 6 脚连在一起作为信号输入端，即得到施密特触发器。

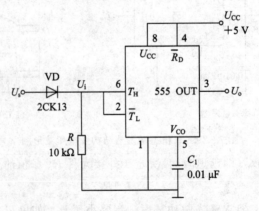

图 7-31　施密特触发器

图 7-32 示出了 U_s、U_i 和 U_o 的波形图。设被整形变换的电压为正弦波 U_s，其正半波通过二极管 VD 同时加到 555 定时器的 2 脚和 6 脚，得 U_i 为半波整流波形。当 U_i 上升到 $\frac{2}{3}U_{CC}$ 时，U_o 从高电平翻转为低电平；当 U_i 下降到 $\frac{1}{3}U_{CC}$ 时，U_o 又从低电平翻转为高电平。

电路的电压传输特性曲线如图 7 - 33 所示。

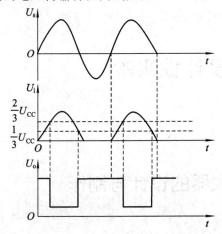

图 7 - 32　波形变换图

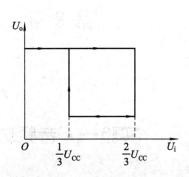

图 7 - 33　电压传输特性

四、实验内容

1. 单稳态触发器

(1) 按图 7 - 29 连线，取 $R=100\ \text{k}\Omega$，$C=47\ \mu\text{F}$，输入信号 U_i 由单脉冲源提供，用双踪示波器观测 U_i、V_C、U_o 波形。测定幅度与暂稳时间。

(2) 将 R 改为 $1\ \text{k}\Omega$，C 改为 $0.1\ \mu\text{F}$，输入端加 $1\ \text{kHz}$ 的连续脉冲，观测波形 U_i、V_C、U_o，测定幅度及暂稳时间。

2. 多谐振荡器

按图 7 - 30 接线，用双踪示波器观测 V_C 与 U_o 的波形，测定频率。

3. 施密特触发器

按图 7 - 31 接线，输入信号由函数信号源提供正弦波，预先调好 U_s 的频率为 $1\ \text{kHz}$，接通电源，逐渐加大 U_s 的幅度，观测输出波形，测绘电压传输特性，算出回差电压 ΔU。

五、思考题

(1) 单稳电路对输入信号的周期与占空比有无要求？如何选择输入信号的周期与占空比？

(2) 如何调节多谐振荡器的振荡频率？

六、实验报告要求

(1) 绘出详细的实验线路图，定量绘出观测到的波形。

(2) 分析、总结实验结果。

(3) 汇总实验数据，将实验数据与理论数据相比较，分析误差原因。

(4) 若要求设计占空比可调的多谐振荡电路，给出电路的改进方法。

(5) 若实验过程中出现了故障，请说明解决方法。

第 8 章   综合设计性实验

实验一   音频功率放大器的设计与制作

一、设计目的

(1) 了解集成功率放大器的工作原理，掌握外围电路的设计。

(2) 掌握功率放大器的设计方法与性能参数的测试方法。

二、实验仪器

DDS 信号发生器	1 台
数字台式万用表	1 台
数字示波器	1 台
直流稳定电源	1 台
计算机	1 台

三、设计任务

用 TDA2030 集成块设计一个功率放大器。

四、设计要求

1. 基本设计要求

(1) 12 V 直流电源供电；

(2) 频率响应：40 Hz～14 kHz；

(3) 额定功率：大于 1 W(失真小于 0.5%，$R_L=8\ \Omega$)；

(4) 效率：大于 40%；

(5) 输入灵敏度：小于 200 mV。

2. 扩展设计一

要求：

(1) ±15 V 双电源供电 BTL 音频功率放大器；

(2) 频率响应：20 Hz～15 kHz；

（3）额定功率：大于 25 W（失真小于 0.5%，$R_L = 8\ \Omega$）；

（4）效率：大于 40%。

3. 扩展设计二

要求：

增加一前置放大器，要求有高低音调节，输入灵敏度小于 10 mV，并能与上面的功率放大器配合使用。

五、设计指导

TDA2030A 是德律风根生产的音频功放电路，采用 V 型 5 脚单列直插式塑料封装结构，如图 8-1 所示。该集成电路广泛应用于汽车立体声收录音机、中功率音响设备中，具有体积小、输出功率大、失真小等特点，并具有内部保护电路。意大利 SGS 公司、美国 RCA 公司、日本日立公司、NEC 公司等均有同类产品，虽然其内部电路略有差异，但引出脚位置及功能均相同，可以互换。

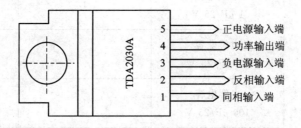

图 8-1　TDA2030A 引脚情况

图 8-2 为音频功率放大器的参考电路（仅供参考，如所测数值达不到设计一和扩展一要求，请提供解决方案）。C_3 是输入耦合电容，R_1、R_6 是 TDA2030 同相输入端偏置电阻。R_5、R_7 决定了该电路交流负反馈的强弱及闭环增益。该电路闭环增益为 $(R_5 + R_7)/R_7 = (4.7 + 150)/4.7 = 33$ 倍，C_7 起隔直流作用，以使电路直流为 100% 负反馈。静态工作点稳

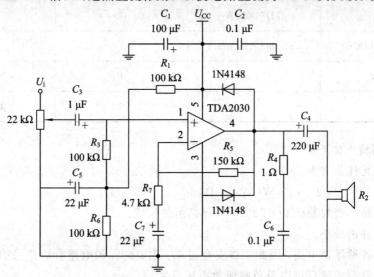

图 8-2　音频功率放大器参考电路

定性好。C_1、C_2为电源旁路电容，防止电路产生自激振荡。R_4、C_6用以在电路接有感性负载扬声器时，保证高频稳定性，保护二极管，防止输出电压峰值损坏集成块 TDA2030。

表 8-1 列出了设计电路的主要参考元器件。

表 8-1 主要参考元器件

元件	名称	数量	备注
电阻	4.7 kΩ	1	
	100 kΩ	3	
	150 kΩ	1	
2 W 电阻	1 Ω	1	
	8.2 Ω	1	代替喇叭
小电位器	22 kΩ	1	取消
电容	电解电容 1 μF/25 V	1	
	电解电容 22 μF/25 V	2	
	电解电容 100 μF/25 V	1	
	电解电容 220 μF/25 V	1	
	0.1 μF/63 V	2	
二极管	1N4148	2	
IC	TDA2030A	1	
单面覆铜板（PCB）	60 mm×70 mm	1	
焊锡丝	100 cm	1	
插针		6	测试用

参考电路特点如下：

（1）外接元件非常少。

（2）输出功率大，$P_o = 18$ W（$R_L = 4$ Ω）。

（3）采用超小型封装（TO-220），可提高组装密度。

（4）开机冲击极小。

（5）内含各种保护电路，因此工作安全可靠。主要的保护电路有短路保护、热保护、地线偶然开路、电源极性反接以及负载泄放电压反冲等。

（6）TDA2030A 能在最低±6 V、最高±22 V 的电压下工作，在±19 V、8 Ω 阻抗时能够输出 16 W 的有效功率，$T_{HD} \leqslant 0.1\%$。无疑，用它来做电脑有源音箱的功率放大部分或小型功放再合适不过了。

表 8-2 列出了 TDA2030 的极限参数。

表 8-2　TDA2030 的极限参数

参数名称	极限值	单　位
电源电压(U_s)	±18	V
输入电压(u_i)	U_s	V
差分输入电压(U_{di})	±15	V
峰值输出电流(I_o)	3.5	A
耗散功率(P_{tot})(U_{di})	20	W
工作结温(T_j)	−40～+150	℃
存储结温(T_{stg})	−40～+150	℃

注意事项：

（1）TDA2030A 具有负载泄放电压反冲保护电路，如果电源电压峰值为 40 V，那么在 5 脚与电源之间必须插入 LC 滤波器，二极管限压（5 脚所产生的高压，一般是由于喇叭的线圈电感作用，使电压等于电源电压）以保证 5 脚上的脉冲串维持在规定的幅度内。

（2）限热保护能够为输出过载（甚至是长时间的）以及环境温度超标时提供保护作用。

（3）与普通电路相比，散热片可以有更小的安全系数。一旦结温超标，也不会对器件有所损害，而如果发生这种情况，P_o（当然还有 P_{tot}）和 I_o 就会减少。

（4）印制电路板设计时必须仔细考虑地线与输出的去耦，因为这些线路有大的电流通过。

（5）装配时，散热片之间不需要绝缘，引线长度应尽可能短，焊接温度不得超过 260℃、12 s。

（6）虽然 TDA2030A 所需的元件很少，但所选的元件必须是品质有保障的。

六、仿真与调试要求

（1）要求所设计的电路用 Multisim 进行仿真分析。

（2）电路要进行装配、调试、验收。

（3）制作并测试。（测量方法可参考本实验指导书中的互补功率放大器）

七、实验报告内容及要求

（1）设计过程及用 Multisim 进行仿真分析。

（2）整理所测数据。

（3）将理论值与实际值比较，分析误差。

（4）给出可以改变频率响应以及额定功率和电路增益的方法。

实验二 集成电路、分立元件混合放大器的设计

一、设计目的

(1) 掌握集成电路、分立元件混合放大器的设计方法。

(2) 学会安装、调试电子电路小系统。

二、实验仪器

DDS 信号发生器	1 台
数字台式万用表	1 台
数字示波器	1 台
直流稳定电源	1 台
计算机	1 台

三、设计任务

设计制作由集成电路、分立元件组成的混合放大器。

1. 基本要求

设计集成电路、分立元件单声道混合放大器,使用 +12 V、-12 V 稳压电源。性能指标要求如下:

(1) 频率范围:40 Hz～20 kHz±3 dB;

(2) 额定输出功率:$P_o \geqslant 1$ W(8 Ω、1 kHz);

(3) 效率:≥40%;

(4) 输入端交流短路接地,输出端交流信号≤50 mV(峰峰值)。

针对以上要求,设计完善电路。最后要求调试好,测试其静态工作点及性能指标(电压放大倍数、输入灵敏度、额定输出功率、效率、频响、噪声电压、输入阻抗、输出阻抗)。

2. 发挥部分

设计集成电路、分立元件单声道混合放大器,使用 +12 V、-12 V 稳压电源。性能指标要求如下:

(1) 频率范围:20 Hz～100 kHz±3 dB;

(2) 输出功率:$P_o \geqslant 4$ W(8 Ω、1 kHz);

(3) 效率:≥50%;

(4) 输入端交流短路接地,输出端交流信号≤20 mV(峰峰值)。

3. 制作要求

(1) 给出设计方案并验证方案的可行性;对所设计的电路用 Multisim 仿真。

(2) 选择合适的元器件。

（3）制作 PCB 时要求在电路板上腐蚀出学号、姓名；要求自己焊接、安装、调试。

（4）电路稳定且测完数据后请老师验收电路板并上交给指导老师。

四、设计指导

由于条件限制，提供如下参考电路（如图 8-3、图 8-4、图 8-5、图 8-6 所示）。

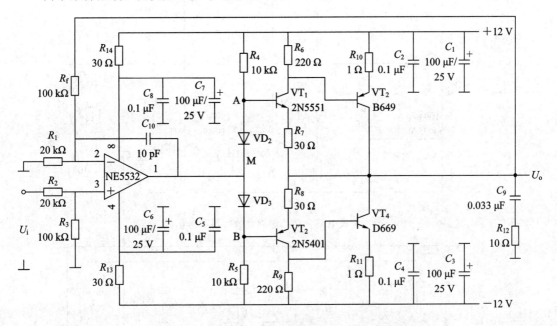

图 8-3　集成电路分立元件混合放大器参考电路一

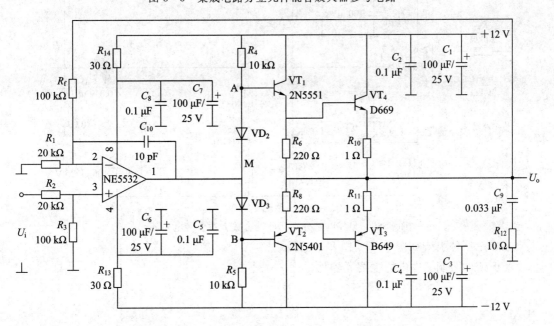

图 8-4　集成电路分立元件混合放大器参考电路二

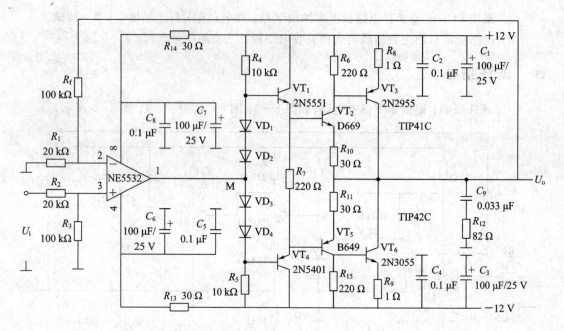

图 8-5 集成电路分立元件混合放大器参考电路三

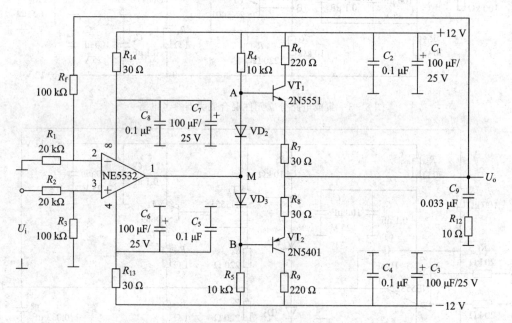

图 8-6 集成电路分立元件混合放大器参考电路四

主要元器件引脚如图 8-7、图 8-8 所示。

由于条件限制,提供的主要元器件见表 8-3。

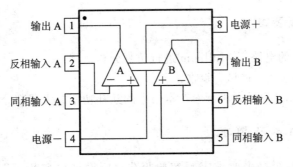

图 8 - 7　NE5532 引脚排列

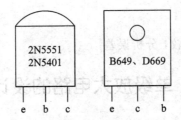

图 8 - 8　2N5551、2N5401、B649、D669 引脚排列

表 8 - 3　主要参考元器件

元件	名称（型号）	数量
	20 kΩ	2
	100 kΩ	2
1/2 W 电阻	10 kΩ	2
	30 Ω	2
	220 Ω	2
2 W 电阻	1 Ω	2
	8.2 Ω	2
	电解电容 100 μF/25 V	4
电容	0.1 μF/63 V	4
	0.033 μF/63 V	1
	10 pF/63 V	1
二极管	1N4148	4
	2N5551	1
三极管	2N5401	1
	B649	1
	D669	1
IC	NE5532	1
印制板	100 mm×60 mm	1
IC 插座	2×4DOP	1

五、仿真与调试要求

(1) 要求所设计的电路用 Multisim 进行仿真分析。
(2) 电路要进行装配、调试、验收。
(3) 制作并测试。(测量方法可参考本书中的互补功率放大器部分)

六、实验报告内容及要求

(1) 按设计性实验报告要求书写实验报告,所设计电路用 EWB 或 Multisim 仿真分析。
(2) 整理所测数据。
(3) 将理论值与实际值比较,分析误差。

实验三　单级放大电路的设计与制作

一、设计目的

(1) 学习晶体管放大电路的设计方法;掌握晶体管放大电路静态工作点设置与调整方法。
(2) 掌握晶体管放大电路性能指标的测试方法及安装与调试技术。

二、实验仪器

DDS 信号发生器	1 台
数字台式万用表	1 台
数字示波器	1 台
直流稳定电源	1 台
计算机	1 台

三、设计任务

已知 $U_{CC} = +12$ V,$R_L = 2$ kΩ,$u_i = 10$ mV(有效值),设计一个静态工作点可调的单级放大电路,要求电路稳定性好。

基本设计要求:
(1) 电压放大倍数: $A_u > 30$;
(2) 输入阻抗: $R_i > 2$ kΩ;
(3) 输出阻抗: $R_o < 3$ kΩ;
(4) 上下截止频率: $f_L < 20$ Hz,$f_H > 500$ Hz。

四、设计指导

电阻分压式共射极偏置电路最为常见,如图 8-9 所示。电路的 Q 点主要由 R_{B1}、R_{B2}、

R_C 及 U_{CC} 决定。

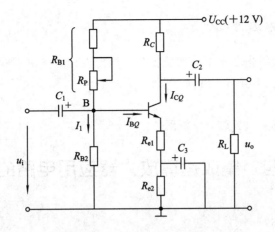

图 8 - 9 共射极放大电路

静态工作点稳定的必要条件：$I_1 \gg I_{BQ}$，$U_{BQ} \gg U_{BEQ}$。在共射极放大电路中，通过为三极管提供稳定的静态工作点 U_{BQ}，进而提供稳定的静态电流 I_{BQ}，通常的方法是调整上偏置电阻 R_{B1} 来获得稳定的静态电流 I_{BQ}。工程上一般取 $U_{BQ} = (3 \sim 5)$ V，$I_1 = (5 \sim 10)I_{BQ}$，偏置电阻应满足 $(1 + \beta)R_e \approx 10R_B$，式中 $R_B = R_{B1} /\!/ R_{B2}$。

设计小信号放大器时，一般取 $I_{CQ} = (0.5 \sim 2)$ mA，$U_{BQ} = (0.2 \sim 0.5)U_{CC}$。由此

$$R_E \approx \frac{U_{BQ} - U_{BEQ}}{I_{CQ}} = \frac{U_{EQ}}{I_{EQ}} \tag{8-1}$$

$$R_{B2} = \frac{U_{BQ}}{I_1} = \frac{U_{BQ}}{(5 \sim 10)I_{CQ}}\beta$$

$$R_{B1} = \frac{U_{CC} - U_{BQ}}{U_{BQ}}R_{B2} \tag{8-2}$$

R_C 由 R_o 及 A_u 确定：

$$R_C \approx R_o$$

$$|A_u| = \beta\frac{R_C /\!/ R_L}{r_{be} + (1 + \beta)R_{e1}} \tag{8-3}$$

电路的频率响应由电路中的电容确定。当放大电路的下限频率 f_L 已知时，可按下式估算各电容 C_1、C_2、C_3 的值：

$$C_1 \geqslant (3 \sim 10)\frac{1}{2\pi f_L r_{be}} \tag{8-4}$$

$$C_2 \geqslant (3 \sim 10)\frac{1}{2\pi f_L (R_C + R_L)} \tag{8-5}$$

$$C_3 \geqslant (1 \sim 3)\frac{1}{2\pi f_L\left(R_E /\!/ \dfrac{r_{be}}{1 + \beta}\right)} \tag{8-6}$$

选 C_1、C_2 中较大者作为 C_1（或 C_2）通常取 $C_1 = C_2$。

五、仿真与调试要求

(1) 要求所设计的电路用 Multisim 进行仿真分析。

（2）电路要进行装配、调试、验收。

六、实验报告内容及要求

（1）按设计性实验报告要求书写实验报告，给出设计方案并验证方案的可行性，对所设计的电路用 EWB 或 Multisim 仿真。

（2）整理所测数据。

（3）将理论值与实际值比较，分析误差。

实验四　集成运算放大器应用电路的设计

一、设计目的

（1）加深对集成运算放大器特性和参数的理解。

（2）熟悉集成运算放大器的基本线性应用。

（3）掌握比例运算电路的设计、分析方法。

二、实验仪器

DDS 信号发生器	1 台
数字台式万用表	1 台
数字示波器	1 台
直流稳定电源	1 台
计算机	1 台

三、设计任务

用 μA741 集成块设计和制作一个单电源电压放大器。

基本设计要求：

制作一个电压放大倍数为 11 的同相比例放大器，并且要求输入电阻 $R_i \geqslant 200$ kΩ。已知 $U_{ipp} = 0 \sim 1.2$ V，负载 $R_L = 3$ kΩ。

四、设计指导

1. 工作原理

反相比例放大器是最基本的应用电路，如图 8 - 10 所示，其闭环电压增益为

$$A_{uF} = -\frac{R_7}{R_{10}}$$

同相比例放大器是最基本的应用电路，如图 8 - 11 所示，其闭环电压增益为

$$A_{uF} = 1 + \frac{R_7}{R_{10}}$$

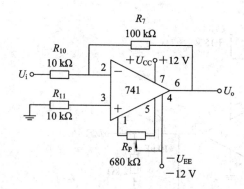

图 8-10 反相比例放大器

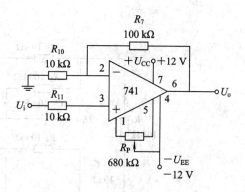

图 8-11 同相比例放大器

2. 设计举例

用 μA741 集成块设计一个单电源同相电压放大器，已知输入信号 $U_i = 0 \sim 0.4$ V，负载 $R_L = 2$ kΩ。要求放大倍数为 $A_u = 15$，确定 R_f。

μA741 芯片基本介绍：

μA741M、μA741I、μA741C(单运放)是高增益运算放大器，用于军事、工业和商业。741 型运算放大器具有广泛的模拟应用。宽范围的共模电压和无阻塞功能可用于电压跟随器。高增益和宽范围的工作电压特点在积分器、加法器和一般反馈应用中能使电路具有优良性能。此外，它还具有如下特点：① 无频率补偿要求；② 短路保护；③ 失调电压调零；④ 大的共模、差模电压范围；⑤ 低功耗。

μA741M、μA741I、μA741C 芯片引脚和工作说明如图 8-12 所示，其中 1 脚和 5 脚为偏置(调零端)，2 脚为反相输入端，3 脚为正相输入端，4 脚接地，6 脚为输出，7 脚接电源，8 脚为空脚。

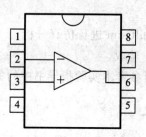

图 8-12 μA741 引脚图

1) 确定分压电阻

如图 8-13 为 μA741 构成的单电源供电的同相交流电压放大器，其中，电阻 R_1、R_2 为偏置电阻，用来设置放大器的静态工作点。为获得最大动态范围，通常使同相端的静态工作点 $V_+ = \frac{1}{2}U_{CC}$，即

$$V_+ = \frac{R_1}{R_1 + R_2}U_{CC} = \frac{1}{2}U_{CC}$$

取 $R_1 = R_2 = 10$ kΩ，R_3 决定电路的输入电阻，取 $R_3 = 100$ kΩ。

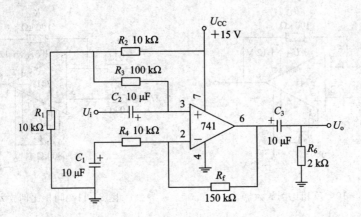

图 8 - 13　参考电路

2）确定电源电压

因为输入信号峰峰值 $U_i = 0 \sim 0.8$ V，$A_u = 15$，则信号最大输出电压为 12 V，所以单电源要取 +15 V。

3）确定 R_f

因为

$$A_u = 1 + \frac{R_f}{R_4} = 15$$

所以

$$R_f = (A_u - 1)R_4 = (15 - 1) \times 10 = 140 \text{ k}\Omega$$

取系列值，$R_f = 150$ kΩ。由于该放大器的输入阻抗高，故电路也不需要调零。

五、仿真与调试要求

（1）要求所设计的电路用 Multisim 进行仿真分析。

（2）电路要进行装配、调试、验收。

（3）制作并测试（测量方法可参考本实验指导书中的集成运算放大器的应用部分）。

六、实验报告内容及要求

（1）按设计性实验报告要求书写实验报告，给出设计方案并验证方案的可行性，对所设计的电路用 EWB 或 Multisim 仿真。

（2）整理所测数据。

（3）将理论值与实际值比较，分析误差。

实验五　LED 手电筒的设计制作

一、设计目的

（1）熟悉二极管和三极管的使用方法。

（2）能简单设计电路。

（3）掌握 PCB 电路的设计和制作。

二、实验仪器

DDS 信号发生器	1 台
数字台式万用表	1 台
数字示波器	1 台
直流稳定电源	1 台
计算机	1 台

三、设计任务

目前市场上有许多用高亮度 LED（发光二极管）做成的手电筒，具有亮度高、功耗小、携带方便等优点。要求利用 1.2 V 干电池和高亮度 LED 加部分元件制作一个 LED 小手电筒。

1. 设计要求

（1）采用尽可能少的元件，使成本最低。

（2）尽可能减小电路的体积，使其携带方便。

2. 任务分析

高亮发光二极管的额定电压为 3～3.5 V，电流为 20～50 mA，1.2 V 的干电池是无法直接驱动高亮 LED 的，必须将 1.2 V 的电压升高到 3～4 V。因此，升压电路是本设计的核心。

四、设计指导

要将较低的直流电压升高，一般采用的方法是先将直流电压转变成幅度较高的交流电压，然后对交流电压进行整流，得到升高的直流电压，如图 8-14 所示。这个过程中，难度最大的是将 1.2 V 的直流电压变换成交流电压，整流部分比较简单。

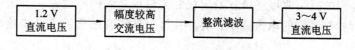

图 8-14　设计流程框图

1. 方案提出

经过查阅资料（可以在相关的书上、网络上进行资源搜索，多参考一些成熟的电路设计方案），直流变换成交流一般有两种方式：自激式和它激式（参见相关资料）。自激式的优点是电路简单、成本低，缺点是负载能力较差，一般只适用于负载相对固定的场合。它激式的优点是输出电压稳定，缺点是电路复杂。由于本设计注重的是成本低廉以及电路体积的小巧，并且电路的负载是固定的，所以采用自激式就可以满足要求。

方案一：利用两个反向放大器组成自激振荡电路。

基本原理：如图 8-15 所示，在电路接通的时候，电路中 L_1 支路电流为 0，8550 三极管处于微导通状态（其基极电压为 0，电流也趋近 0），其集电极就有一定的电压，这个电压加在 8050 的基极，使得 L_1 支路的电流增大；L_1 支路电流的增大导致 8050 集电极电压减小，这个减小由 C_1 耦合到 8550 基极，使得 8550 进一步导通，从而使 8050 基极电压更大，又导致通过 L_1 的电流更大。当 8050 饱和时，通过 L_1 的电流不再变化，L_1 上就感应出相反的电压（下正上负），这个电压通过 C_1 耦合到 8550 的基极，使得 8550 的集电极电压降低，从而使得 8050 基极的电压降低，通过 L_1 的电流更小。如此，8050 和 8550 最后都截止。当两管截止后，通过 L_1 的电流为 0，然后 8550 又开始导通，从而引起 8050 的导通，如此循环，最终在 L_1 上输出交流电压。这个电压经过 VD_1 整流和 C_2 滤波，最后输出电压 $U_。$。

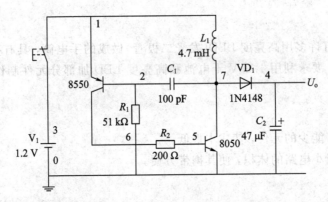

图 8-15　利用两个反向放大器组成自激振荡电路的原理图

方案二：利用变压器加一个反向放大器组成自激振荡电路。

基本原理：如图 8-16 所示，在电路接通的瞬间，由于变压器（电感）的作用，电路中电流为 0，随着时间的变化，当电路中有微小的电流 i 通过三极管基极，三极管集电极和发射极间就有放大了的电流 βi 流过，从而变压器初级线圈就有电流 βi 通过，使得次级线圈中感应出更大的电流加在三极管基极，三极管基极电流的增大使得初级线圈中的电流更大。因此，当三极管的电流趋于饱和时，基极电流的增大不再使集电极和发射极间的电流明显增大，使得初级线圈电流不再明显变化，从而次级线圈中的感生电流减小，三极管基极电流也减小，基极电流的减小使得三极管发射极和集电极之间的电流进一步减小，这个电流的减小使得变压器初级线圈的电流减小，从而引起次级线圈电流的进一步减小。由此，最终

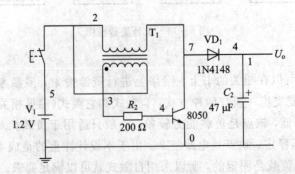

图 8-16　利用变压器加一个反向放大器组成自激振荡电路的原理图

导致三极管截止(相当于三极管处断开)。电路按以上方式不停振荡,从而将直流电压转变成交流电。这个电压经过 VD_1 整流和 C_2 滤波,最后输出电压 U_o。

2.方案比较

从电路结构上看,方案一中的元件要比方案二多一些,电路也复杂一些;方案二的电路简单,但自制变压器有一定难度,而且变压器也比较大。从电路效率上来看,方案二的效率要高于方案一。从以上分析可以看出,两种方案各具优缺点。为了演示设计过程(仿真、布线等),我们选择方案一。

3.电路设计

1)电路原理图

方案一电路原理图如图 8-17 所示。

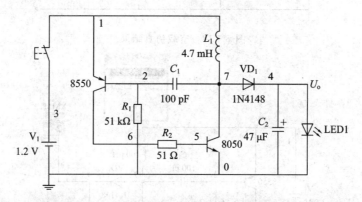

图 8-17 方案一电路原理图

2)器件以及参数选择

有关的三极管,PNP 型管可以选择 8550、9015 等;NPN 型管可以选择 8050、9013 等。二极管 VD_1 选择 1N4148,LED 选择高亮白色发光二极管。C_1 的取值为 100~1000 pF 的无极性电容;C_2 的取值为 10~100 μF 的电解电容,耐压最好在 16 V 以上,材料最好选钽电容(如果没有,可以用铝电解电容)。电感可以选用色码电感,取值在几百 μH 到几 mH。电阻 R_1、R_2 的阻值可以稍作调整。

五、仿真与调试要求

1.基本仿真

将上面的电路图输入到 Multisim 10 软件中,对其进行仿真,检查是否能将电压升高。图 8-18 是仿真结果,可以看到电容上的电压最后能达到 41.6 V(空载,不接 LED)。由此可见,电路的方案是可行的。

2.参数调整

考虑到电感大了一些,色码电感不一定有。现在将电感改为 100 μH,可以看到输出电压为 44.6 V,如图 8-19 所示,方案仍然可行。电感可以选择色码电感。

3.加入负载

前面都是空载,现在为了更接近实际,将输出接上 LED。经过仿真可看到,LED 可以

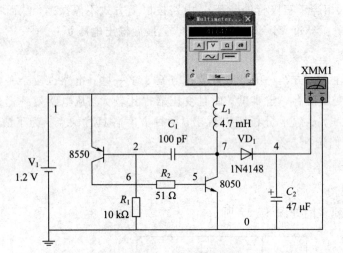

图 8 - 18 空载仿真结果

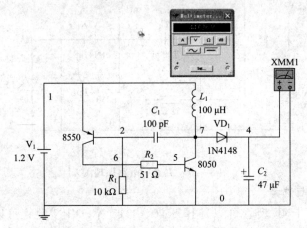

图 8 - 19 改变电感后的空载仿真结果

发亮，且电压在 1.66 V，如图 8 - 20 所示。

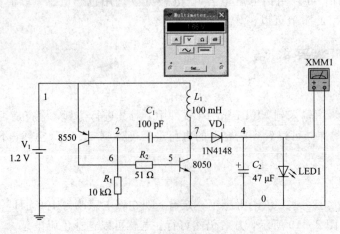

图 8 - 20 加负载仿真结果

4. 实物电路包装

为了使电路更像"手电筒",可以设计电路板的形状(可以考虑使用贴片元件),然后找个外壳装上,使其看起来更加美观。这部分可根据实际情况自己完成。图 8 - 21、图 8 - 22 是方案二的例子。

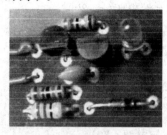

图 8 - 21　设计实成的电路板

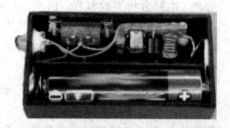

图 8 - 22　成品电路

六、实验报告内容及要求

电路板调试完成以后,可以看到 LED 灯发光,完成的电路板如图 8 - 21 所示。此时按照前面的任务要求进行电压、电流、功率和效率等参数的测量,并和理论值、仿真值进行比较,以评价是否达到设计要求。

(1) 输出电压测量。

空载输出电压:断开 LED,用万用表直流挡位直接测量电压,得到 48 V。

有载输出电压:接上 LED,用万用表测量,得到 1.9 V。

(2) 输出电流。

电路总电流:将万用表调到电流毫安挡,然后串入电池的正极和 8550 的射极之间,测量电流,得到 250 mA。

负载电流:将万用表和 LED 串联在一起,测量得到 20 mA 电流。

(3) 功率。功率为输出电压乘以输出电流(略)。

(4) 效率。效率为输出负载的功率与总功率之比(略)。

(5) 按照设计性实验要求完成实验设计报告。

参 考 文 献

[1] 黄品高. 电路分析基础实验·设计·仿真. 成都：电子科技大学出版社，2008

[2] 金波. 电路分析实验教程. 西安：西安电子科技大学出版社，2008

[3] 孙肖子. 现代电子线路和技术实验简明教程. 2 版. 北京：高等教育出版社，2009

[4] (美)Charles K Alexander，Matthew N O Sadiku. 电路基础. 3 版. 管欣，等译. 北京：人民邮电出版社，2009

[5] (美)James W Nilsson，Susan A Riedel. 电路. 9 版. 周玉坤，等译. 北京：电子工业出版社，2012

[6] 德州仪器高性能模拟器件高校应用指南：信号链与电源，2014

[7] 李淑明. 模拟电子电路实验·设计·仿真. 成都：电子科技大学出版社，2010

[8] 卢钦民. 电子电路实验方法. 北京：高等教育出版社，1991

[9] 熊发明. 新编电子电路与信号课程实验指导. 北京：国防工业出版社，2005

[10] 王昊. 通用电子元器件的选用与检测. 北京：电子工业出版社，2006

[11] 张咏梅. 电子测量与电子电路实验. 北京：北京邮电大学出版社，2000

[12] 梁宗善. 电子技术基础课程设计. 武汉：华中理工大学出版社，1994

[13] 王港元. 电子技能基础. 成都：四川大学出版社，2001

[14] 钱培怡. 电子电路实验与课程设计. 北京：地震出版社，2002

[15] 周仲. 常用电子元器件测量. 上海：上海科技文献出版社，1986

[16] 王绍华. 贴片元件的识别方法. 家电维修，2003(1)

[17] 陈大钦. 电子技术基础实验：电子电路实验·设计·仿真. 2 版. 北京：高等教育出版社，2000

[18] 王小海，等. 电子技术基础实验教程. 2 版. 北京：高等教育出版社，2006

[19] 康华光. 电子技术基础：模拟部分. 5 版. 北京：高等教育出版社，2005

[20] 胡奕涛. 电子技术实践教程. 北京：北京邮电大学出版社，2007

[21] 唐赣，等. Multisim 10&Ultiboard 10 原理图仿真与 PCB 设计. 北京：电子工业出版社，2008

[22] 孙丽霞. 电子技术实践及仿真. 北京：高等教育出版社，2005

[23] 蔡良伟. 电路与电子学实验教程. 西安：西安电子科技大学出版社，2012

[24] 冯育长，等. 现代电子技术基础实验教程. 西安：西安电子科技大学出版社，2011

[25] 秦曾煌. 电工学(下册)：电子技术. 北京：高等教育出版社，2015

[26] 侯建军. 电子技术基础实验、综合设计实验与课程设计. 北京：高等教育出版社，2009

[27] 江国强，蒋艳红. 现代数字逻辑电路实验指导. 北京：电子工业出版社，2005

[28] 周巍，黄雄华. 数字逻辑电路实验·设计·仿真. 成都：电子科技大学出版社，2007

[29] 李焕英. 数字电路与逻辑设计实训教程. 北京：科学出版社. 2005

[30] 王毓银. 数字电路逻辑设计(脉冲与数字电路). 3 版. 北京：高等教育出版社，2002